Евгений Всеволодович Кузьмин

Цифровой приём шумоподобных спектрально-эффективных сигналов

Евгений Всеволодович Кузьмин

Цифровой приём шумоподобных спектрально-эффективных сигналов

на фоне интенсивных структурно-подобных помех

LAP LAMBERT Academic Publishing

Impressum / Выходные данные

Bibliografische Information der Deutschen Nationalbibliothek: Die Deutsche Nationalbibliothek verzeichnet diese Publikation in der Deutschen Nationalbibliografie; detaillierte bibliografische Daten sind im Internet über http://dnb.d-nb.de abrufbar.

Alle in diesem Buch genannten Marken und Produktnamen unterliegen warenzeichen-, marken- oder patentrechtlichem Schutz bzw. sind Warenzeichen oder eingetragene Warenzeichen der jeweiligen Inhaber. Die Wiedergabe von Marken, Produktnamen, Gebrauchsnamen, Handelsnamen, Warenbezeichnungen u.s.w. in diesem Werk berechtigt auch ohne besondere Kennzeichnung nicht zu der Annahme, dass solche Namen im Sinne der Warenzeichen- und Markenschutzgesetzgebung als frei zu betrachten wären und daher von jedermann benutzt werden dürften.

Библиографическая информация, изданная Немецкой Национальной Библиотекой. Немецкая Национальная Библиотека включает данную публикацию в Немецкий Книжный Каталог; с подробными библиографическими данными можно ознакомиться в Интернете по адресу http://dnb.d-nb.de.

Любые названия марок и брендов, упомянутые в этой книге, принадлежат торговой марке, бренду или запатентованы и являются брендами соответствующих правообладателей. Использование названий брендов, названий товаров, торговых марок, описаний товаров, общих имён, и т.д. даже без точного упоминания в этой работе не является основанием того, что данные названия можно считать незарегистрированными под каким-либо брендом и не защищены законом о брендах и их можно использовать всем без ограничений.

Coverbild / Изображение на обложке предоставлено: www.ingimage.com

Verlag / Издатель:
LAP LAMBERT Academic Publishing
ist ein Imprint der / является торговой маркой
OmniScriptum GmbH & Co. KG
Heinrich-Böcking-Str. 6-8, 66121 Saarbrücken, Deutschland / Германия
Email / электронная почта: info@lap-publishing.com

Herstellung: siehe letzte Seite /
Напечатано: см. последнюю страницу
ISBN: 978-3-659-66446-5

ЦИФРОВОЙ ПРИЁМ ШУМОПОДОБНЫХ СПЕКТРАЛЬНО-ЭФФЕКТИВНЫХ СИГНАЛОВ НА ФОНЕ ИНТЕНСИВНЫХ СТРУКТУРНО-ПОДОБНЫХ ПОМЕХ

Содержание

Обозначения и сокращения

АП	Аппаратура потребителей
АЦП	Аналого-цифровой преобразователь
КНС	Космические навигационные системы
МЧМ	Минимальная частотная манипуляция
ОС	Опорные станции
ПСП	Псевдослучайная последовательность
ПЛИС	Программируемая логическая интегральная схема
РНС	Радионавигационная система
СКС	Система кодовой синхронизации
СПП	Структурно-подобная помеха
СФС	Система фазовой синхронизации
ФД	Фазовый дискриминатор
ЦАП	Цифро-аналоговый преобразователь
ЦОС	Цифровая обработка сигналов
ЦП	Цифровой приёмник
ШПС	Шумоподобный сигнал
MSK	Minimum shift keying

Введение

На современном этапе развития техники и технологий представляются актуальными несколько основных вариантов построения цифровых радиоприёмных устройств (далее цифровых приёмников, ЦП) шумоподобных сигналов (ШПС). Выбор варианта построения ЦП обосновывается исходя из назначения и особенностей системы, параметров ШПС, требований по взаимодействию ЦП с внешними устройствами и пр. В качестве основной платформы для реализации алгоритмов цифровой обработки сигналов (ЦОС) можно уверенно выделить программируемые логические интегральные схемы (ПЛИС), обеспечивающие реконфигурационную гибкость и высокое быстродействие проектируемых устройств. Отвечая запросам практики, в настоящее время стремительно развиваются средства проектирования цифровых устройств на основе ПЛИС, а ставшие классическими языки VHDL и Verylog получили несколько мощных альтернатив [1].

Важным критерием при выборе программного продукта для реализации алгоритмов ЦОС является наглядность проекта, легкость отладки и визуализации для обеспечения сокращения сроков разработки. В наиболее полной мере этим требованиям соответствует пакет Xilinx System Generator for DSP, сопрягаемый с оболочкой Simulink – интерактивным инструментом, полностью интегрированным с MatLAB, для моделирования, имитации и анализа динамических систем [2, 3]. Пакет Xilinx System Generator for DSP предназначен для программирования ПЛИС фирмы Xilinx, с использованием инструментов визуализации оболочки Simulink [3]. Таким образом, разрабатывая проект для программирования ПЛИС средствами Xilinx System Generator, разработчик получает лёгкость отладки проекта «в каждой точке», причём не в виде набора цифровых сигналов, а в виде процессов, объективных для качественного и количественного восприятия при решении конкретной задачи. Основные элементы библиотек (и их краткое описание) пакета Xilinx System Generator for DSP представлены в Приложении А.

В монографии показано решение задач имитации и поисково-следящего приёма спектрально-эффективного ШПС с минимальной частотной манипуляцией в части разработки, реализации и исследования алгоритмов прецизионной кодовой синхронизации и фазовой синхронизации ЦП. Для решения указанных задач применена XtremeDSP-технология, ориентированная на быструю верификацию проектируемых алгоритмов ЦОС на базе персонального компьютера и отладочного средства (например, Xtreme DSP Development Kit-IV, Приложение В) [4]. Сопряжение персонального компьютера с отладочным средством XtremeDSP Development Kit-IV (на основе ПЛИС Virtex4 xc4vsx35-10ff668) фирмы Xilinx открывает разработчику возможность отладки алгоритмов цифровой обработки спектрально-эффективных шумоподобных MSK-сигналов как при работе с физическими сигналами на входе, так и в режиме ко-симуляции. Режим ко-симуляции представляет возможность тестирования разработанных алгоритмов путём задания тестовых сигналов из оболочки Simulink, при этом вычисления производятся в ПЛИС в реальном масштабе времени. Физические сигналы, необходимые для тестирования проекта могут формироваться с помощью этого же отладочного средства. Полученные результаты свидетельствуют о том, что проекты для реализации цифрового приёмника ШПС в Xilinx System Generator for DSP обладают высокой наглядностью, за счёт блочной организации проекта, а также лёгкостью отладки, за счёт визуализации результатов в MatLAB. Таким образом, технология реализации алгоритмов прецизионной кодовой синхронизации и прецизионной фазовой синхронизации цифрового приёмника шумоподобных MSK-сигналов на основе Xilinx System Generator for DSP представляется актуальной и интересной для разработчиков и исследователей,

4

внедряющих алгоритмы формирования и обработки сигналов в перспективных радиоэлектронных системах.

Показанные в монографии результаты далеко не полностью отражают спектр научных интересов автора и содержание выполненных им работ по данной тематике. Представленные научно-технические результаты оригинальны и демонстрируют решение актуальной научно-технической проблемы цифрового приёма ШПС на фоне мощной структурно-подобной помехи с использованием современных средств проектирования и экспериментальной верификации.

Энтузиазм автора при руководстве, постановке и выполнении научно-исследовательских и экспериментальных работ поддержан КГАУ «Красноярский краевой фонд поддержки научной и научно-технической деятельности» (ККФПН и НТД) – проект № КФ-213 «Разработка и исследование методов и средств прецизионной синхронизации приёмоиндикаторов перспективных интегрированных радионавигационных систем»; ФГБУ «Российский фонд фундаментальных исследований» (РФФИ) – проект № 12-08-31097 мол_а «Разработка и исследование методов прецизионного измерения радионавигационных параметров в морских высокоточных радионавигационных системах на фоне активных структурно-подобных помех»; ФЦП «Научные и научно-педагогические кадры инновационной России» на 2009 – 2013 годы, Министерство образования и науки Российской Федерации – Государственный контракт от 31.10.2011 г. № 16.740.11.0764 «Разработка принципов построения программно-аппаратных комплексов перспективных наземных радионавигационных систем, функционирующих совместно с космическими системами навигации».

Автор считает приятным долгом поблагодарить своих коллег: идейного предводителя – к.т.н., профессора Кокорина В.И., за видение интересных задач и требовательность; к.т.н., доцента Вяхирева В.А., за помощь, многолетнюю поддержку и плодотворные дискуссии; к.т.н. Андреева А.Г., за внимание к проекту, помощь и поддержку.

На разных этапах реализации ЦП при лидирующем участии автора и под его непосредственным руководством работали его ученики и соратники, которым автор выражает признательность за решение вспомогательных организационно-технических задач.

Автор с благодарностью проанализирует мнения заинтересованных и внимательных читателей и готов к конструктивной научной дискуссии, как по наполнению настоящей монографии, так и по другим актуальным вопросам обработки сигналов на фоне помех. Отзывы и обращения можно направлять автору по электронной почте: kuzminev@mail.ru.

Кандидат технических наук, доцент

Кузьмин Е.В.

г. Красноярск

30.10.2014

Сведения об авторе

Кузьмин Евгений Всеволодович
Кандидат технических наук (2009), доцент (2013), действительный член IEEE (2011), Член-корреспондент Межгосударственной Академии наук прикладной радиоэлектроники (2014), дважды стипендиат Президента Российской федерации (2006, 2012), Лауреат Государственной Премии Красноярского края в области профессионального образования (2008). Специалист в области радиоэлектронной системотехники, имеющий практический опыт разработки, реализации и исследования алгоритмов цифровой обработки шумоподобных спектрально-эффективных сигналов с непрерывной фазой на основе FPGA-технологии средствами Xilinx System Generator for DSP и MatLAB-Simulink. Работает доцентом и является докторантом кафедры Радиотехники Института Инженерной физики и радиоэлектроники ФГАОУ ВПО «Сибирский федеральный университет».

Актуальность работы и описание спектрально-эффективного MSK-сигнала

Шумоподобные сигналы нашли широкое применение в радиотехнических системах извлечения и передачи информации. Использование ШПС позволяет реализовать скрытную, помехозащищённую радиосистему с кодовым разделением каналов. Кроме того, применение ШПС позволяет совместить системы передачи информации и системы траекторных измерений [5]. Наглядным примером использования ШПС представляются космические навигационные системы (КНС) II-го поколения ГЛОНАСС (Россия) и GPS (США), являющиеся основным средством навигационного обеспечения потребителей [6]. Наряду с важнейшими преимуществами – глобальностью навигационного поля, всепогодностью и неограниченной пропускной способностью, КНС имеют два существенных недостатка: низкую помехоустойчивость аппаратуры потребителей и высокую стоимость развёртывания и эксплуатации. В связи с этим наземные широкополосные радионавигационные системы (РНС) средневолнового диапазона составляют высокую конкуренцию КНС, так как являются более дешевыми и эффективными при решении большого класса задач, как на сегодняшний день, так и в обозримом будущем [7]. Совместное использование КНС и наземных широкополосных РНС позволяет улучшить такие характеристики навигационного обеспечения как помехоустойчивость, доступность и целостность. Важной группой потребителей интегрированных РНС являются морские объекты. При выборе вида модуляции ШПС важно учесть ограниченность полосы частот, работая в которой нужно обеспечить наилучшие спектральные и корреляционные свойства. С конца 60-х годов прошлого столетия известны сигналы с минимальной частотной манипуляцией (МЧМ), в зарубежной литературе больше известные как Minimum shift keying signals (MSK) [8]. В последнее время интерес к данному виду сигналов возрос, о чём свидетельствует ряд работ, например [9, 10, 11, 12, 13]. Шумоподобные

МЧМ-сигналы с большой базой применены в наземной РНС GEOLOC фирмы Sercel (Франция) [14]. Оговоренный выше и рассматриваемый далее вид модуляции считается перспективным для наземного сегмента перспективной интегрированной РНС [15].

Представим шумоподобный MSK-сигнал наземного сегмента интегрированной РНС в комплексной форме [13]:

$$\dot{s}(t) = AD(t)\dot{S}(t)\exp\big[\,j\big(2\pi f_0 t - \varphi_{\text{c}}\big)\big], \tag{1}$$

здесь A – амплитуда принимаемого сигнала; $D(t)$ – информационный сигнал, содержащий дифференциальные поправки к радионавигационным параметрам космических навигационных систем (у каждой опорной станции сигнал $D(t)$ отличается), $D(t) = \pm 1, t \in [0; T_{\text{п}}]$; $T_{\text{п}}$ – период повторения сигнала; f_0 – центральная частота принимаемого сигнала; φ_{c} – начальная фаза принимаемого сигнала; $\dot{S}(t)$ – комплексная огибающая вида:

$$\dot{S}(t) = \exp\big[\,j\Theta(t)\big], \tag{2}$$

где $\Theta(t) = \dfrac{\pi}{2T}\displaystyle\int_0^T a(t')dt'$ – функция, определяющая закон угловой модуляции, $a(t) = \displaystyle\sum_{i=0}^{N-1} a_i \,\text{rect}(t - iT)$, a_i – псевдослучайная последовательность длины N, $\text{rect}(t)$ – прямоугольный импульс единичной амплитуды и длительности T.

Очевидно, что мгновенные значения сигнала определяются как:

$$s(t) = \text{Re}\big[\dot{s}(t)\big] = AD(t)\text{Re}\big\{\exp\big[\,j\big(2\pi f_0 t - \varphi_{\text{c}}\big)\big]\exp\big[\,j\Theta(t)\big]\big\}, \tag{3}$$

где $\text{Re}(\dot{X})$ – операция выделения действительной части комплексной величины.

8

Шумоподобный сигнал с минимальной частотной манипуляцией можно сформировать квадратурным способом, при этом математическая модель имеет вид [13]:

$$s(t) = AD(t)\left[I(t)\cos\left(2\pi f_0 t - \varphi_c\right) - Q(t)\sin\left(2\pi f_0 t - \varphi_c\right)\right], \qquad (4)$$

где $I(t) = \cos\Theta(t)$ и $Q(t) = \sin\Theta(t)$ – косинусная и синусная квадратурные составляющие сигнала.

При дальнейшем рассмотрении использована квадратурная форма (4) представления сигнала (1).

В наземных радиоэлектронных системах существует проблема вида «близкий-далёкий» (Near-Far Problem), заключающаяся в необходимости одновременного приёма сигналов от далеко- (например, сотни километров) и близко- (к примеру, единицы километров и менее) расположенных источников сигналов – опорных станций (ОС) [16]. Таким образом, при нахождении потребителя РНС на малом удалении от одной из ОС, цифровой приёмник принципиально вынужден работать по сигналам с существенным отличием амплитуд (60 – 80 дБ и более) [15, 17], один из которых – сигнал от наиболее удалённой ОС, другой – сигнал от близлежащей ОС являющийся структурно-подобной помехой (СПП). В настоящей монографии показаны результаты разработки ЦП шумоподобного сигнала на фоне интенсивной СПП с использованием традиционного корреляционного приёма. Возможности пространственной (апертурной) [18 – 22] и адаптивной временной обработки [23, 24] с целью нейтрализации СПП в данной работе не обсуждаются.

1. Разработка и исследование алгоритмов прецизионной кодовой синхронизации цифрового корреляционного приёмника шумоподобных MSK-сигналов

Следящий корреляционный приёмник шумоподобных MSK-сигналов содержит системы кодовой и фазовой синхронизации [25, 26]. Здесь и далее полагается, что поиск сигналов по задержке выполнен с точностью не хуже чем $T/2$. Указанное допущение справедливо как для автономной работы РНС (когда задержка шумоподобных MSK-сигналов определяется каналом поиска), так и для режима внешней синхронизации, при котором имеется сигнал секундной метки от АП КНС (и выполняется допоиск), либо априорно известно значение задержки. Вопросы поиска ШПС-MSK автор считает самодостаточными и частично рассмотрел их в [11, 27 – 30].

1.1. Интерфейс модуля системы кодовой синхронизации экспериментального образца цифрового приёмника шумоподобных MSK-сигналов

Разработанный модуль системы кодовой синхронизации (СКС) экспериментального образца цифрового приёмника шумоподобных MSK-сигналов РНС реализован на основе программного обеспечения Xilinx System Generator for DSP и отладочного средства XtremeDSP Development Kit-IV (на основе ПЛИС Virtex4 xc4vsx35-10ff668) [11].

На рисунке 1.1 показан интерфейс модуля СКС исполненного на основе программного обеспечения Xilinx System Generator for DSP и MatLAB-Simulink. Модуль СКС (Modul_SKS) инвариантен к работе системы фазовой синхронизации, за счёт использования традиционного некогерентного временного «ранне-позднего» дискриминатора [11].

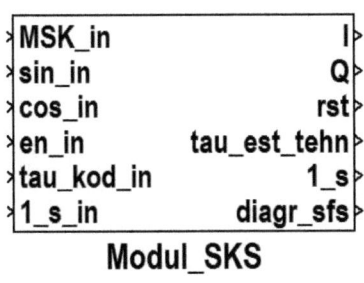

Рисунок 1.1 – Блок-диаграмма модуля системы кодовой синхронизации

В таблице 1 приведены наименования и описания входных и выходных портов модуля СКС экспериментального образца цифрового приёмника шумоподобных MSK-сигналов.

Таблица 1 – Интерфейс модуля СКС экспериментального образца цифрового приёмника шумоподобных MSK-сигналов

№	Наименование порта	Описание порта	Разрядность	Примечания
1	MSK_in	Принимаемый сигнал (выход АЦП)	Fix 14_0	вход
2	sin_in cos_in	Гармонический сигнал центральной частоты ШПС.	Fix 6_6	вход
3	en_in	Сигнал разрешения работы модуля СКС.	Bool	вход
4	tau_kod_in	Код начальной задержки относительно сигнала секундной метки.	Fix 20_0	вход
5	1_s_in	Сигнал секундной метки, необходимый для синхронизации шкалы времени модуля СКС.	Fix 14_0	вход
6	I	Квадратурная компонента шумоподобных MSK-сигналов (косинусная составляющая комплексной огибающей). Используется модулями СКС, СФС.	Fix 6_6	выход

7	Q	Квадратурная компонента шумоподобных MSK-сигналов (синусная составляющая комплексной огибающей). Используется модулями СКС, СФС.	Fix 6_6	выход
8	rst	Сигнал сброса накопителей в дискриминаторах СКС и СФС. Подстраивается под внешний сигнал секундной метки. Используется модулями СКС и СФС.	Bool	выход
9	tau_est_tehn	Код отслеженной задержки принимаемого сигнала относительно сигнала секундной метки. Используется для передачи кода текущей задержки и для контроля корректности работы модуля.	Fix 20_0	выход
10	1_s	Сигнал секундной метки, формируемый модулем СКС и подстраиваемый под внешний сигнал секундной метки.	Bool	выход
11	diagr_sfs	Сигнал управления «форматом». Позволяет минимизировать влияние паузы на работу модуля СФС.	Bool	выход

1.2 Структура модуля системы кодовой синхронизации экспериментального образца цифрового приёмника шумоподобных MSK-сигналов

Разработанный модуль СКС (Modul_SKS) включает в себя четыре основных элемента (рисунок 1.2): некогерентный временной дискриминатор (Time_Diskriminator_Nekoger), петлевой фильтр (Loop_Filter (SKS)), формирователь меток времени (rst_GEN), формирователь семейства квадратурных компонентов шумоподобных MSK-сигналов (I_Q_GEN) [11].

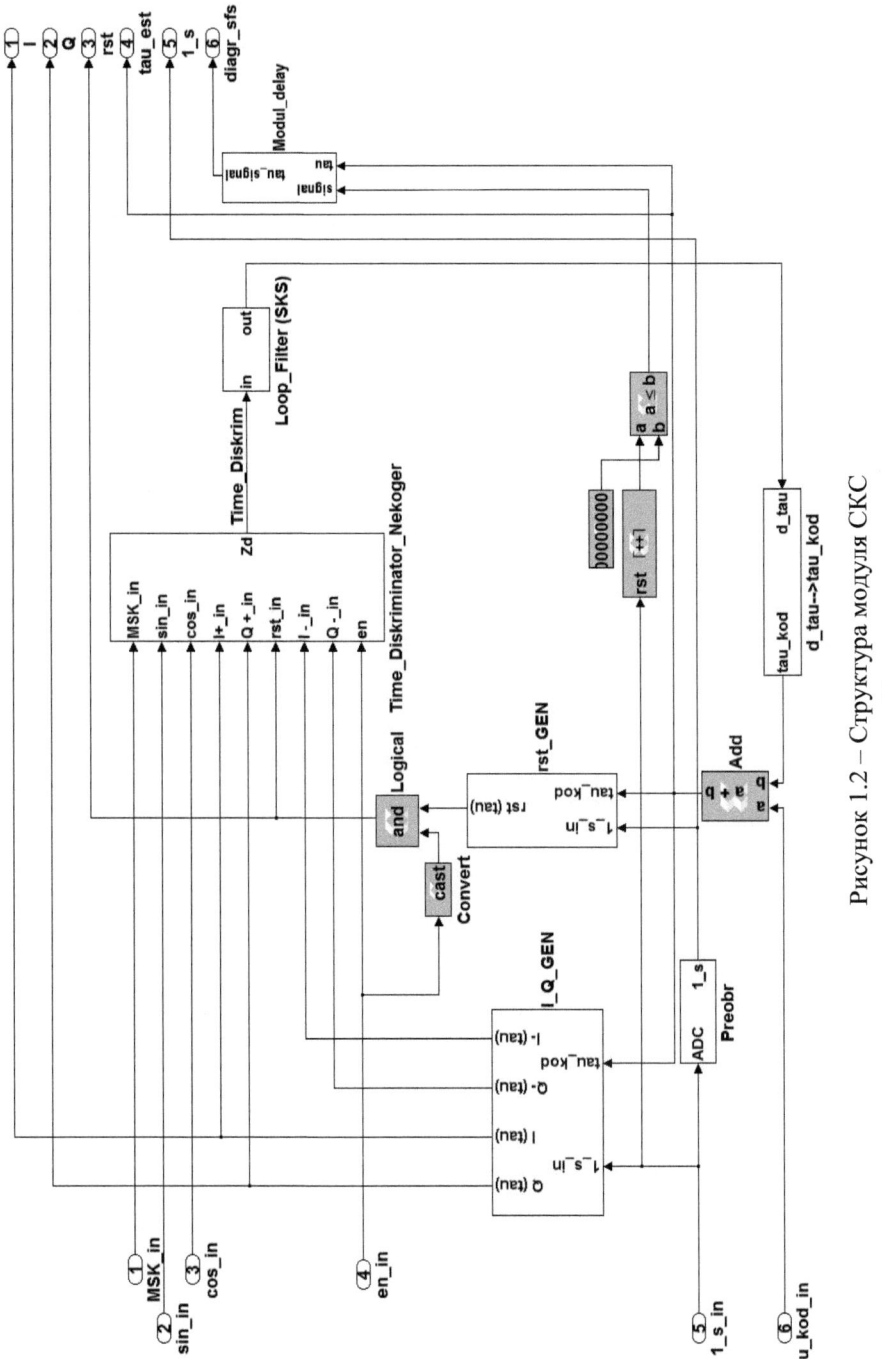

Рисунок 1.2 – Структура модуля СКС

13

Ключевым элементом модуля СКС является некогерентный временной дискриминатор (Time_Diskriminator_Nekoger).

Блок-диаграмма временного дискриминатора (блок Time_Diskriminator_Nekoger) показана на рисунке 1.3,*а*. Дискриминационная характеристика показана на рисунке 1.3,*б*. При эмуляции задержка опорных сигналов, формируемых блоком I_Q_GEN изменялась от периода к периоду от $-3T$ до $3T$ с шагом $0,05T$. На рисунке 1.3,*б* точка "2,5" на оси абсцисс соответствует случаю отсутствия рассогласования по задержке между входным и опорным сигналом.

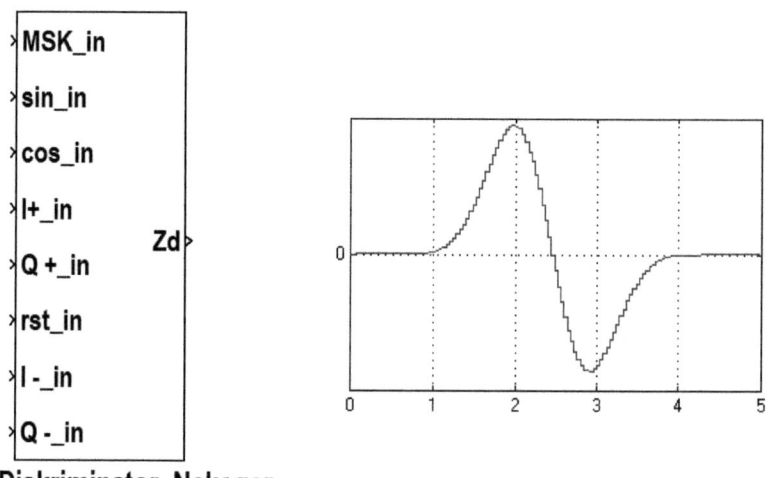

а   *б*

Рисунок 1.3 – Блок-диаграмма (*а*) и дискриминационная характеристика временного дискриминатора шумоподобных MSK-сигналов (*б*)

Структура временного дискриминатора раскрыта на рисунке 1.5 (общий вид) и на рисунке 1.4 (структура одного из каналов). На рисунке 1.6 представлена блок-диаграмма формирователя семейства квадратурных компонентов шумоподобных MSK-сигналов (I_Q_GEN).

14

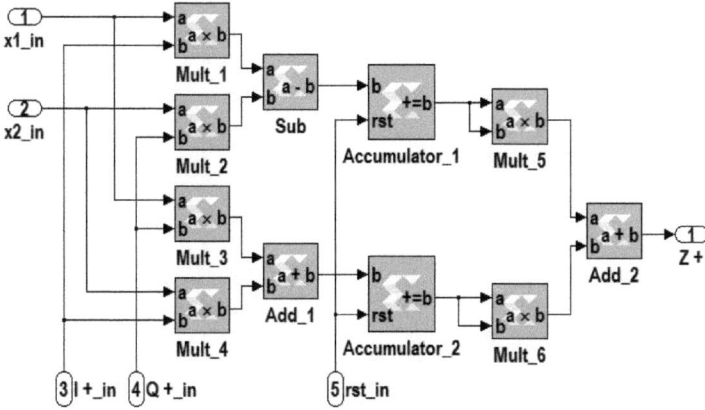

Рисунок 1.4 – Блок-диаграмма «опережающего» («раннего») канала

некогерентного временного дискриминатора

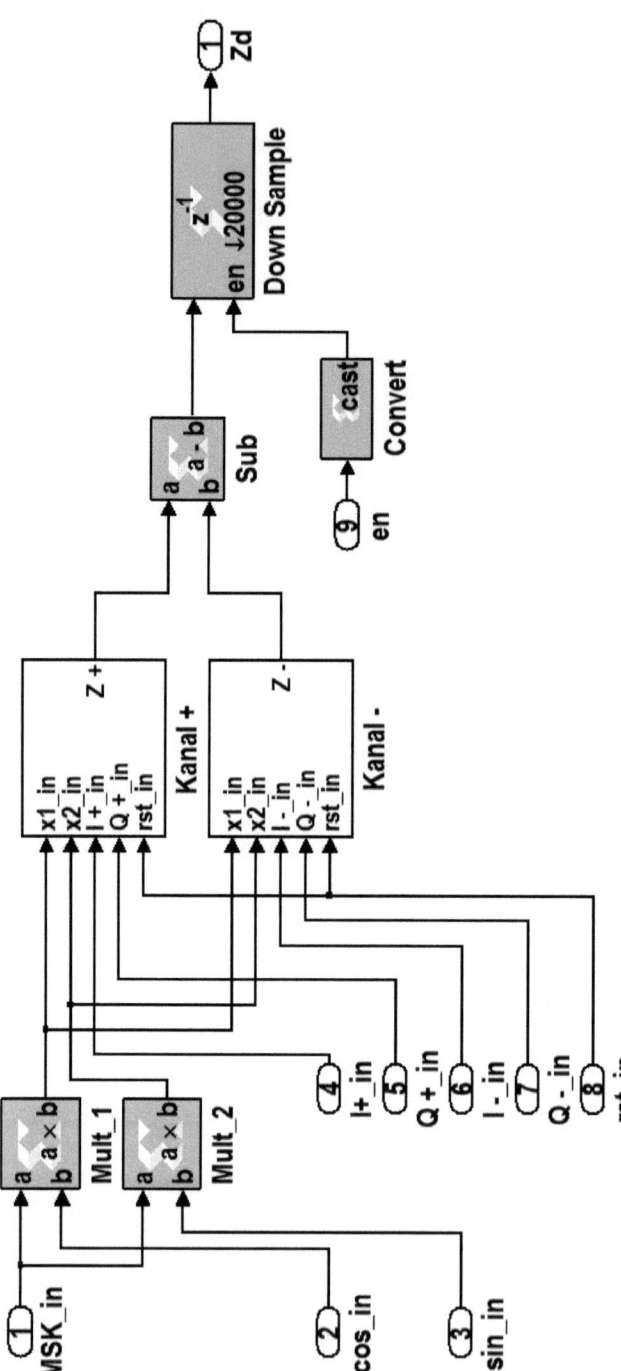

Рисунок 1.5 – Блок-диаграмма некогерентного временного дискриминатора модуля СКС

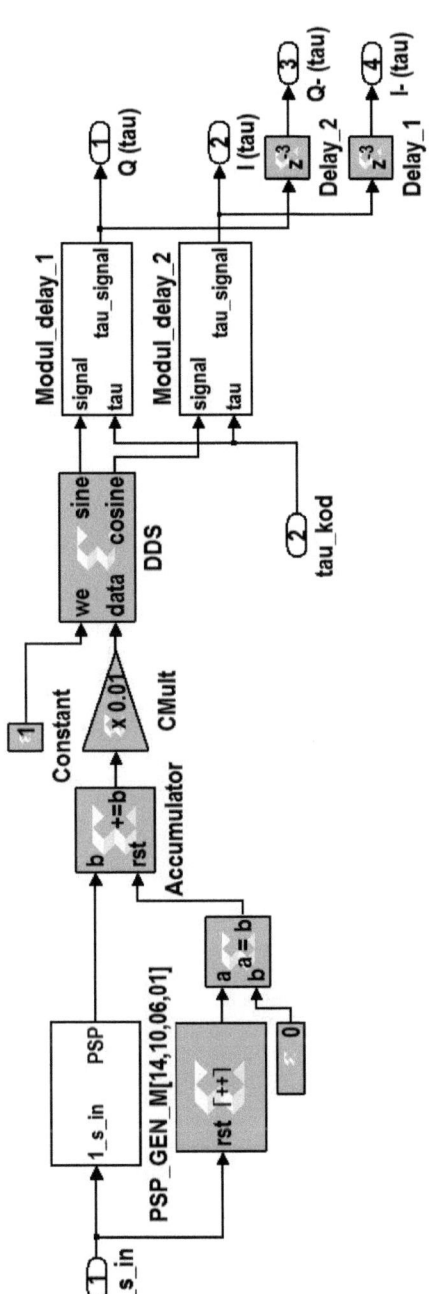

Рисунок 1.6 – Блок-диаграмма формирователя семейства
квадратурных компонентов шумоподобных MSK-сигналов

17

2. Разработка и исследование алгоритмов прецизионной фазовой синхронизации цифрового корреляционного приёмника шумоподобных MSK-сигналов.

2.1 Интерфейс модуля системы фазовой синхронизации шумоподобного сигнала с минимальной частотной манипуляцией

Разработанный модуль системы фазовой синхронизации (СФС) экспериментального образца ЦП шумоподобных MSK-сигналов интегрированной радионавигационной системы реализован на основе программного обеспечения Xilinx System Generator for DSP и отладочного средства XtremeDSP Development Kit-IV (на основе ПЛИС Virtex4 xc4vsx35-10ff668) [11, 17, 26].

На рисунке 2.1 показан интерфейс разработанного модуля системы фазовой синхронизации (Modul_SFS) на основе программного обеспечения Xilinx System Generator for DSP и MatLAB-Simulink [11].

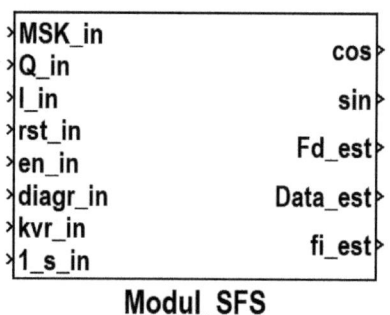

Рисунок 2.1 – Блок-диаграмма модуля системы фазовой синхронизации

В таблице 2 приведены наименования и описания входных и выходных портов модуля системы фазовой синхронизации экспериментального образца цифрового приёмника шумоподобного сигнала с минимальной частотной манипуляцией.

18

Таблица 2 – Интерфейс модуля системы фазовой синхронизации

№	Наименование порта	Описание порта	Разрядность	Примечания
1	MSK_in	Принимаемый шумоподобный MSK-сигнал.	Fix 14_0	вход
2	Q_in	Квадратурная компонента шумоподобного MSK-сигнала (синусная составляющая комплексной огибающей).	Fix 6_6	вход
3	I_in	Квадратурная компонента шумоподобного MSK-сигнала (косинусная составляющая комплексной огибающей).	Fix 6_6	вход
4	rst_in	Сигнал сброса накопителей в дискриминаторе СФС.	Bool	вход
5	en_in	Сигнал разрешения работы модуля СФС.	Bool	вход
6	diagr_in	Сигнал управления «форматом». Позволяет минимизировать влияние паузы на работу модуля СФС.	Bool	вход
7	kvr_in	Сигнал управления режимом кодо-временного разделения.	Bool	вход
8	1_s_in	Сигнал секундной метки, необходимый для синхронизации шкалы времени экспериментального образца.	Bool	вход
9	cos	Гармонический сигнал (косинус) центральной частоты ШПС.	Fix 6_6	выход
10	sin	Гармонический сигнал (синус) центральной частоты ШПС.	Fix 6_6	выход
11	Fd_est	Код оцениваемого значения доплеровского сдвига частоты.	Fix 40_30	выход
12	Data_est	Код оцениваемого значения символов цифровой информации.	Fix 2_0	выход
13	fi_est	Код оцениваемого значения фазы сигнала.	Fix 30_30	выход

2.2 Структура модуля системы фазовой синхронизации экспериментального образца цифрового приёмника шумоподобного MSK-сигнала

Разработанный модуль системы фазовой синхронизации (Modul_SFS) включает в себя три основных элемента: фазовый дискриминатор (Fase_Diskriminator), петлевой нестационарный фильтр с переменными коэффициентами (Loop_Filter(SFS)_var) и подстраиваемый генератор (sin_GEN_WRAP) (рисунок 2.2) [11].

Одним из основных элементов модуля системы фазовой синхронизации является фазовый дискриминатор (Fase_Diskriminator), построенный на основе квазиоптимального алгоритма дискриминирования [17, 26].

На рисунке 2.3,a показана блок-диаграмма квазиоптимального фазового дискриминатора реализованного средствами Xilinx System Generator for DSP и MatLAB-Simulink. Там же показаны: модель имитатора шумоподобных MSK-сигналов (блок MSK_GEN), формирователь опорных сигналов $I(t)$ и $Q(t)$ (блок I_Q_GEN), формирователь опорных сигналов центральной частоты шумоподобного MSK-сигнала (блок cos_sin_GEN). На рисунке 2.3,$б$ показана дискриминационная характеристика ФД. При эмуляции фаза опорных сигналов, формируемых блоком cos_sin_GEN, изменялась от периода к периоду от -2π до 2π с шагом $\pi/10$. Таким образом, точка "0" на оси абсцисс соответствует $\varphi = -2\pi$, а точка "1,64" соответствует $\varphi = 2\pi$. Точке отсутствия рассогласования по фазе на дискриминационной характеристике, соответствует точка "0,82". Фазовый дискриминатор (Fase_Diskriminator), построенный на основе квазиоптимального алгоритма дискриминирования показан на рисунке 2.4. Синфазный ("верхний") канал фазового дискриминатора обеспечивает оценку наложенной на MSK-сигнал цифровой информации (Data_est). Выходной сигнал дискриминатора поступает на вход нестационарного петлевого фильтра для оценки доплеровского смещения частоты. Модуль нормировки (norm) обеспечивает инвариантность характеристики ФД к амплитуде входного сигнала.

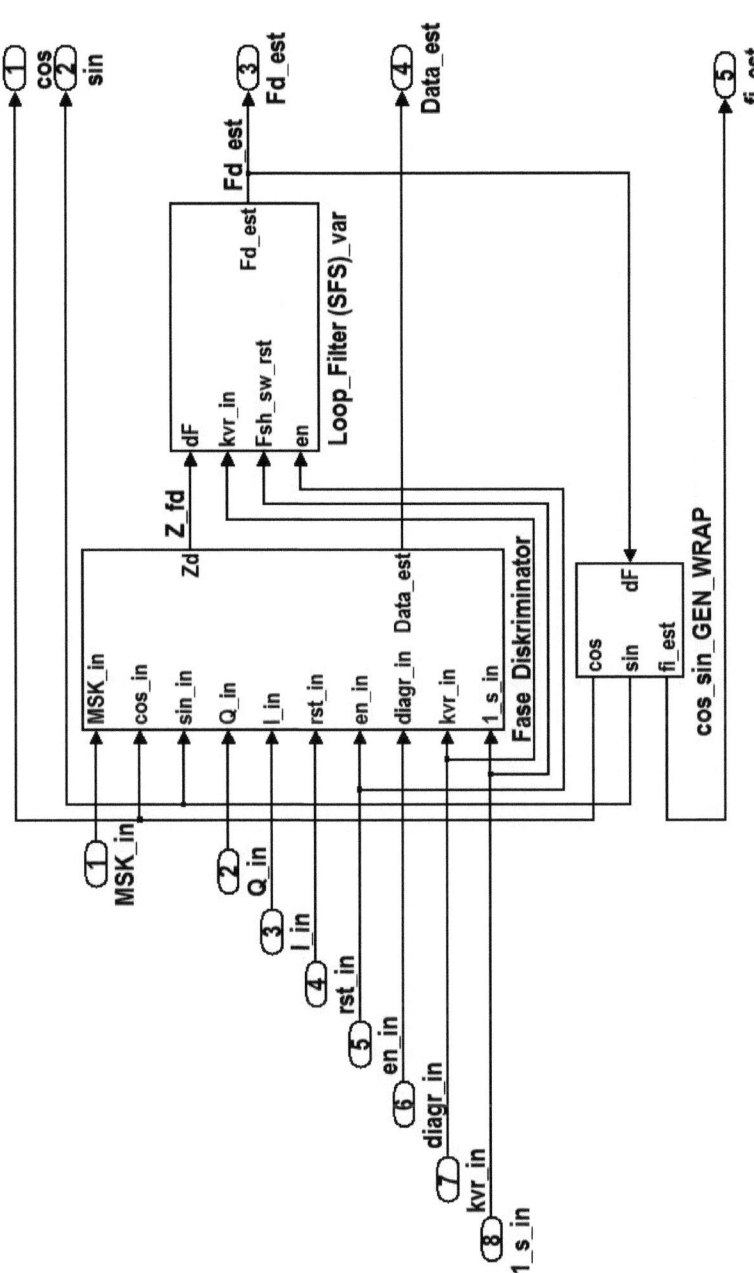

Рисунок 2.2 – Структура модуля системы фазовой синхронизации

21

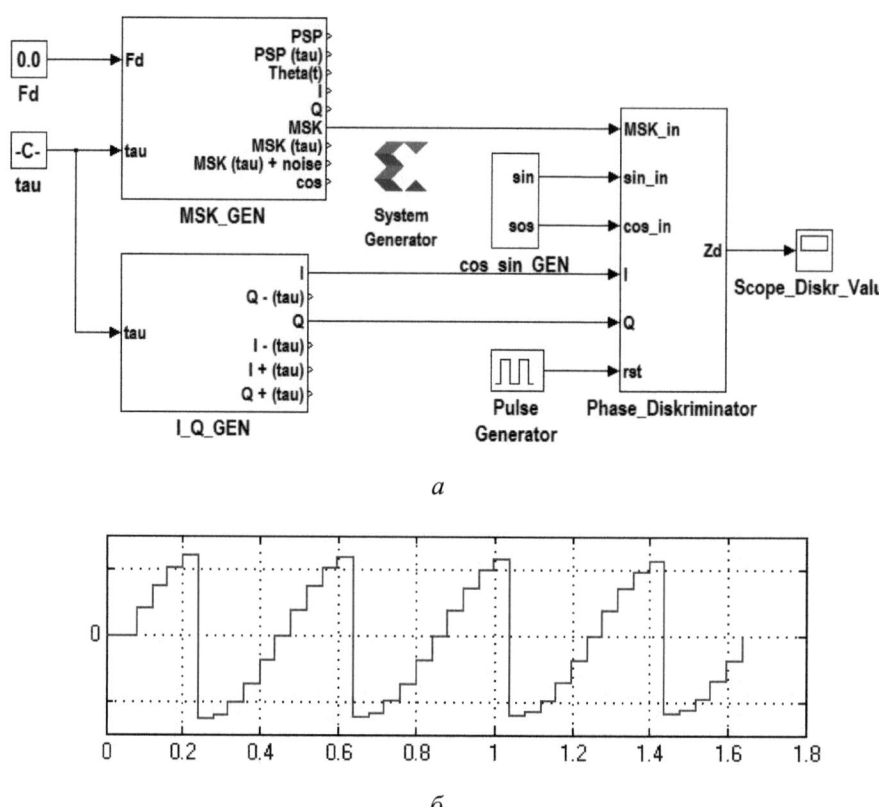

Рисунок 2.3 – Дискриминационная характеристика фазового дискриминатора шумоподобного MSK-сигнала

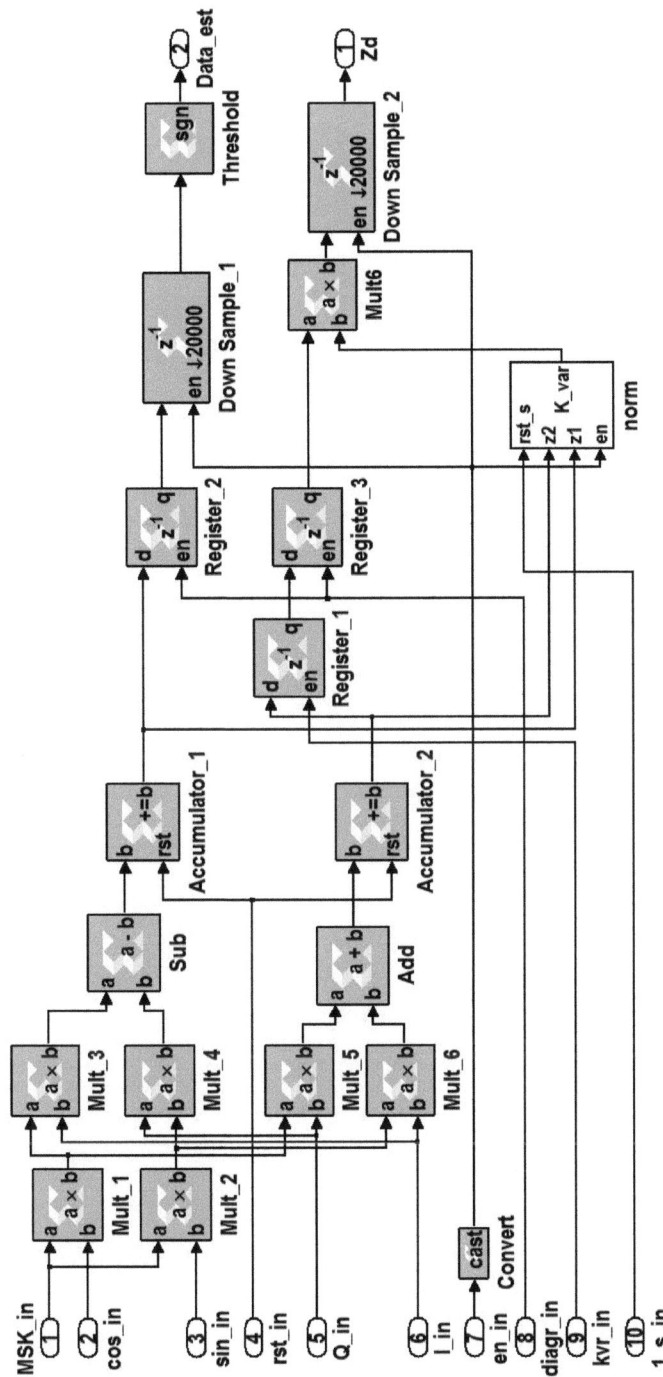

Рисунок 2.4 – Блок-диаграмма фазового дискриминатора

23

На рисунке 2.5 представлена блок-диаграмма петлевого нестационарного фильтра с переменными коэффициентами (Loop_Filter(SFS)_var) [26].

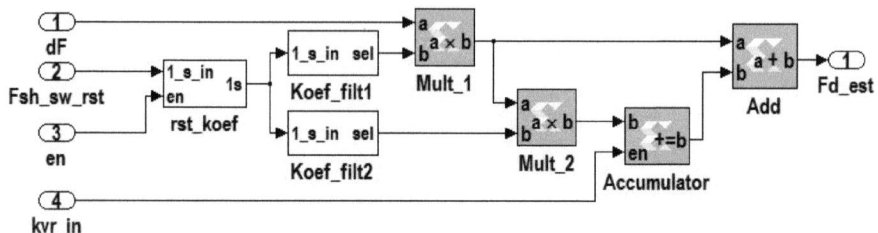

Рисунок 2.5 – Блок-диаграмма нестационарного петлевого фильтра

На рисунке 2.6 представлены значения коэффициентов фильтра, с помощью которых обеспечивается управление шумовой полосой СФС.

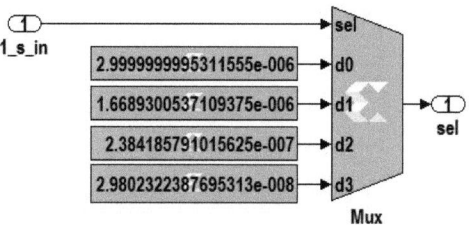

Рисунок 2.6 – Блок-диаграмма блока «Koef_filt1»

На рисунке 2.7 представлена блок-диаграмма одного из возможных вариантов построения подстраиваемого генератора (sin_GEN_WRAP). На вход подстраиваемого генератора (sin_GEN_WRAP) поступает сигнал оценки доплеровского смещения частоты с выхода петлевого фильтра (Loop_Filter(SFS)_var), где он дополнительно интегрируется, тем самым формируется оценка фазового сдвига (fi_est). На выходе подстраиваемого генератора формируются скорректированные (с учетом фазового сдвига) гармонические сигналы центральной частоты (sin и cos).

24

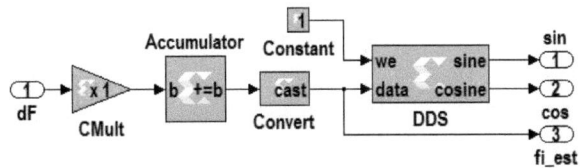

Рисунок 2.7 – Блок-диаграмма подстраиваемого генератора

При разработке дискриминаторов систем кодовой и фазовой синхронизации ЦП шумоподобного MSK-сигнала использована аппроксимация квадратурных компонентов (4) и оптимальных решающих функций [31, 32].

2.3. Реализация и исследование точности комбинированной системы синхронизации следящего корреляционного приёмника шумоподобных MSK-сигналов.

На основе фазового и временного дискриминаторов шумоподобных MSK-сигналов, реализация которых показана в п. 2.1 и п. 2.2, спроектирована комбинированная система синхронизации (фазовой и кодовой) 2-го порядка астатизма [33]. Разработанные дискриминаторы дополнены петлевыми фильтрами (блоки "Loop_Filter_SFS" и "Loop_Filter_SKS"). На рисунке 2.8 представлена блок-диаграмма следящего корреляционного приёмника шумоподобных MSK-сигналов: комбинированная система синхронизации. Показаны петли СФС и СКС. Система кодовой синхронизации осуществляет автоподстройку по времени запаздывания (начальная ошибка $T/2$), и формирует сигналы $I(t)$ и $Q(t)$ синхронные с аналогичными компонентами принимаемого шумоподобного MSK-сигнала. Система фазовой синхронизации осуществляет слежение за фазой центральной частоты шумоподобного MSK-сигнала и формирует опорные сигналы для временного и фазового дискриминаторов [33].

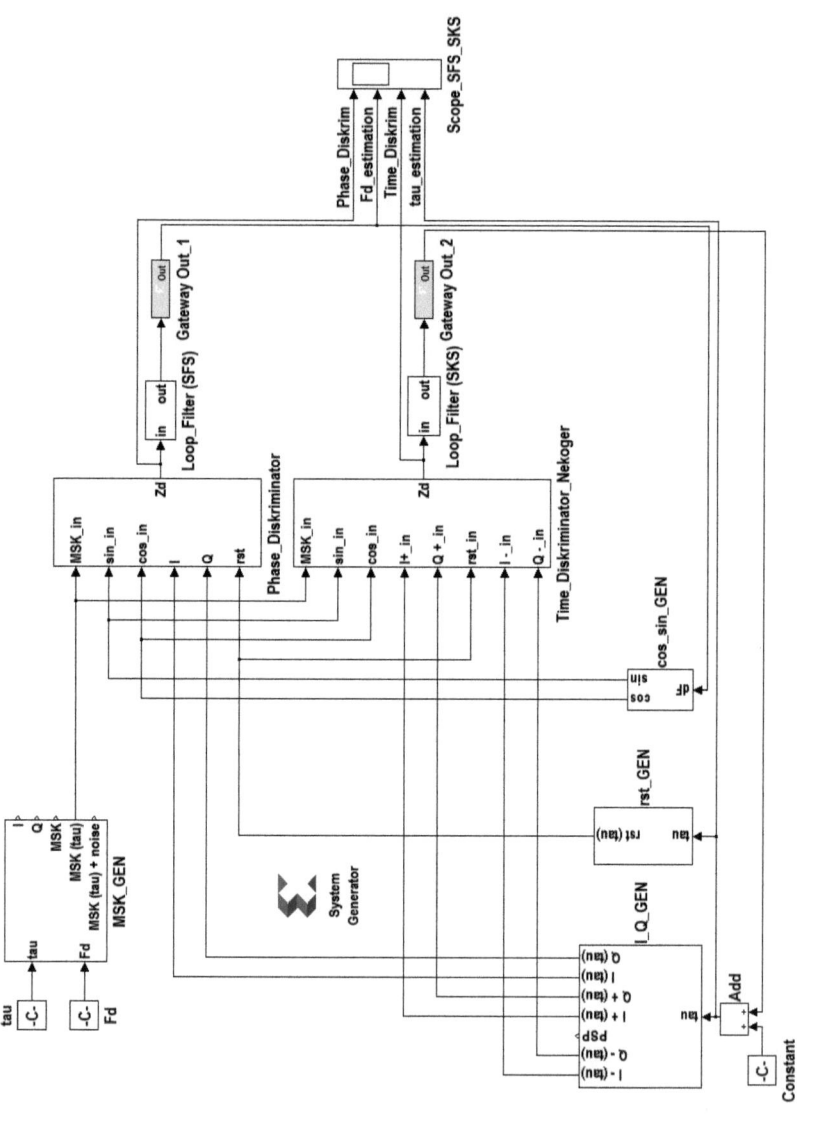

Рисунок 2.8 – Блок-диаграмма реализации СФС и СКС в Xilinx System Generator

На рисунке 2.9 показаны результаты эмуляции комбинированной системы синхронбизации следящего корреляционного приёмника шумоподобных MSK-сигналов: зависимости выходной величины фазового и временного дискриминаторов от времени, а также оценка доплеровского сдвига частоты и времени запаздывания.

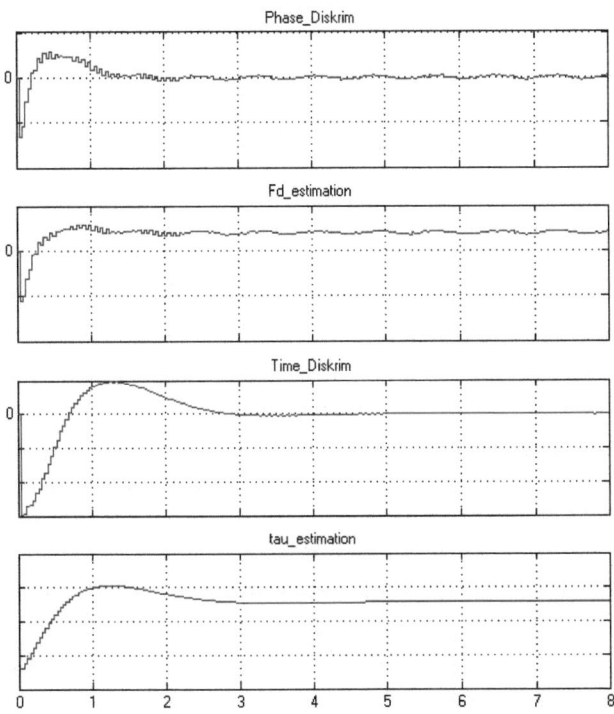

Рисунок 2.9 – Результаты эмуляции проекта реализации СФС и СКС
в Xilinx System Generator

Из рисунка 2.9 видно, что системы фазовой и кодовой синхронизации обеспечивают захват и слежение, с ошибками близкими к нулю в установившемся режиме.

Результаты эмуляции соответствуют теоретическим расчетам, проведенным при использовании программы для вычисления математического ожидания и среднего квадратического отклонения ошибки комбинированной системы синхронизации [34].

27

3. Разработка экспериментального образца имитатора MSK-сигналов высокоточной интегрированной радионавигационной системы средствами Xilinx System Generator for DSP на отладочной плате Xtreme DSP Development Kit-IV.

Для реализации имитатора шумоподобных MSK-сигналов необходимо реализовать генератор псевдослучайной последовательности (для отработки использована М-последовательность (последовательность максимальной длины) [15]), на основе программного обеспечения System Generator for DSP и MatLAB (с оболочкой Simulink).

На основе регистра сдвига в Xilinx System Generator for DSP разработан генератор псевдослучайной последовательности, формирующий М-последовательность структуры M[14, 10, 06, 01], длины $2^{14} - 1 = 16383$. На вход логической схемы "Исключающее ИЛИ" поступают сигналы с 01, 06, 10 и 14 регистровых ячеек, затем преобразованный сигнал поступает на вход первой регистровой ячейки. Также, в соответствии с (4) требуется сформировать составляющие $I(t)$ и $Q(t)$, а также два квадратурных гармонических сигнала центральной (несущей) частоты.

На рисунках 3.1,$а$ – $д$ показаны временные диаграммы, описывающие работу имитатора шумоподобного MSK-сигнала.

На рисунке 3.1,$а$ показан сегмент М-последовательности длины 16383 в виде кодовой последовательности символов '1' и '–1'. Далее псевдослучайная последовательность, показанная на рисунке 3.1,$а$ интегрируется и умножается на константу. В результате выполненных операций получена фазовая решётка сигнала, временная диаграмма которой представлена на рисунке 3.1,$б$. На рисунке 3.1,$в,г$ представлены синусная и косинусная квадратурные составляющие сигнала.

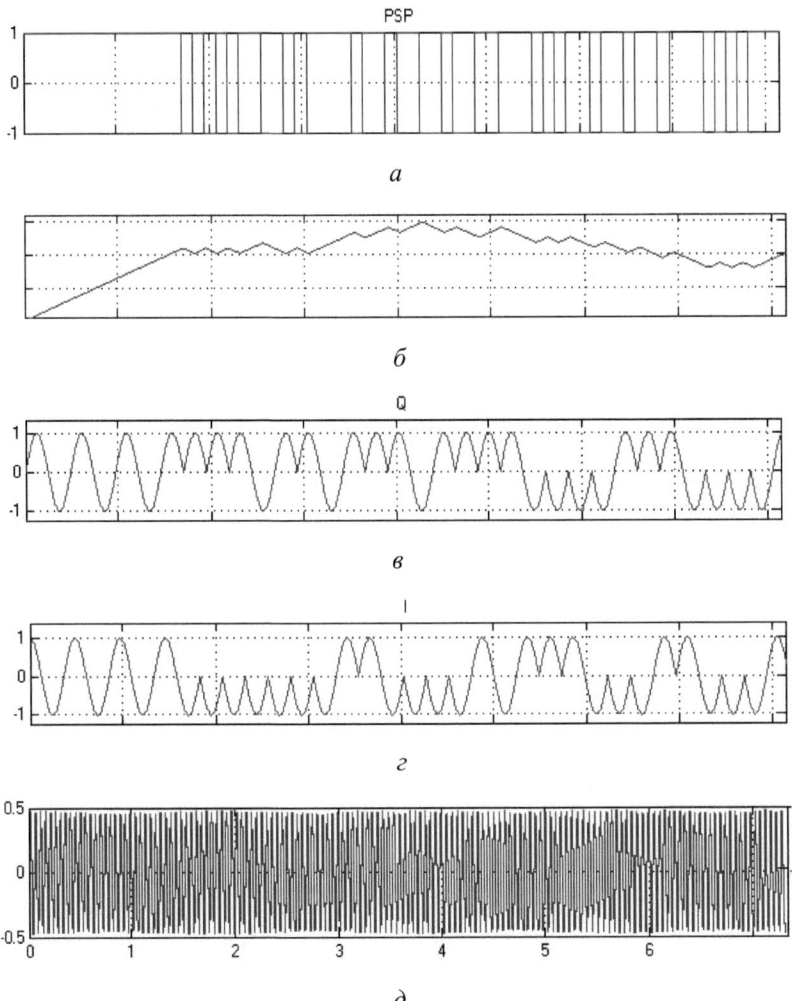

Рисунок 3.1 – Временные диаграммы сигналов

Для проведения исследований в режиме ко-симуляции имитатор шумоподобного сигнала реализован с помощью программного обеспечения MatLAB-Simulink [33].

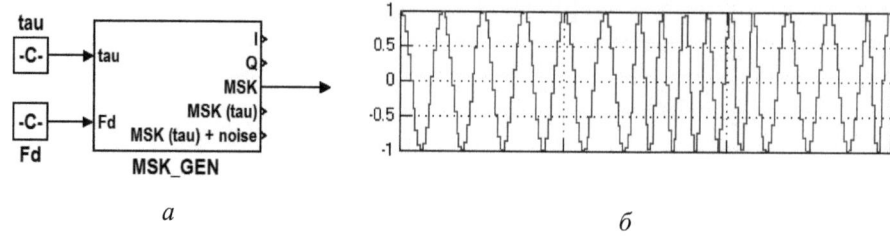

а   *б*

Рисунок 3.2 – Блок-диаграмма имитатора шумоподобного MSK-сигнала

(*а*) и временная диаграмма выходного сигнала (*б*)

На рисунке 3.2 показана реализация имитатора шумоподобного MSK-сигнала в MatLAB-Simulink в соответствии с математической моделью (4). Временные диаграммы данного имитатора в контрольных точках с высокой точностью совпадают с формирователем шумоподобных MSK-сигналов, реализованным на основе программного обеспечения Xilinx System Generator for DSP. Шумоподобный сигнал с минимальной частотной манипуляцией, изображенный на рисунке 3.2,*б*, реализован на основе псевдослучайной кодовой последовательности длины $N = 511$.

На рисунке 3.3 раскрыта структура блок-диаграммы модели имитатора шумоподобного MSK-сигнала.

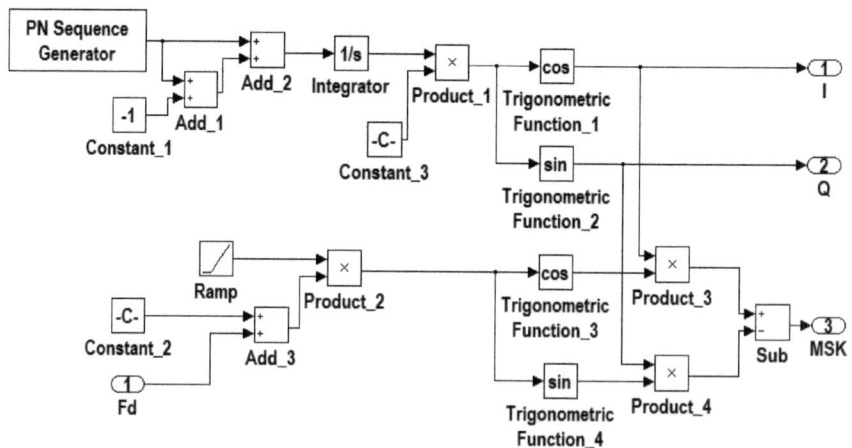

Рисунок 3.3 – Блок-диаграмма модели имитатора шумоподобных сигналов с минимальной частотной манипуляцией.

Описание основных блоков, используемых при реализации модели генератора шумоподобного MSK-сигнала в программе MatLAB-Simulink, приведено в приложении Б.

3.1 Интерфейс модуля имитатора шумоподобного MSK-сигнала

Разработан модуль имитатора шумоподобного MSK-сигнала с примерными параметрами интегрированной радионавигационной системы на основе программного обеспечения Xilinx System Generator for DSP и отладочного средства XtremeDSP Development Kit-IV (на основе ПЛИС Virtex4 xc4vsx35-10ff668) [11].

На рисунке 3.4 показан интерфейс модуля имитатора шумоподобных MSK-сигналов на основе программного обеспечения Xilinx System Generator for DSP и MatLAB-Simulink.

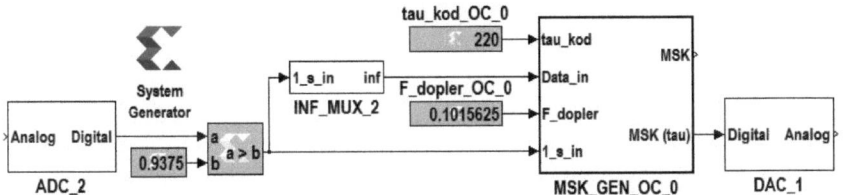

Рисунок 3.4 – Блок-диаграмма модуля имитатора шумоподобных MSK-сигналов

Ниже приведены изображения фрагментов диалоговых окон интерфейсных модулей для блоков ADC_2 и DAC_1.

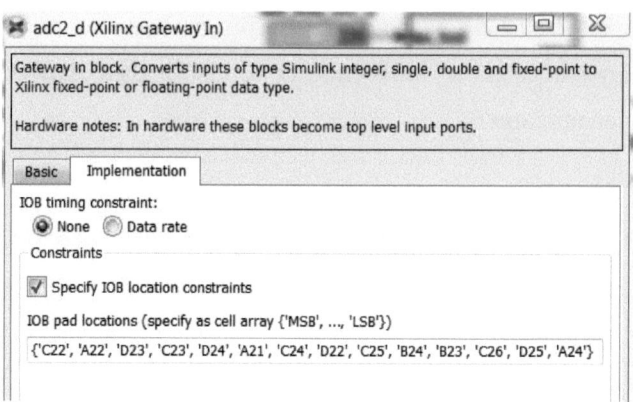

а

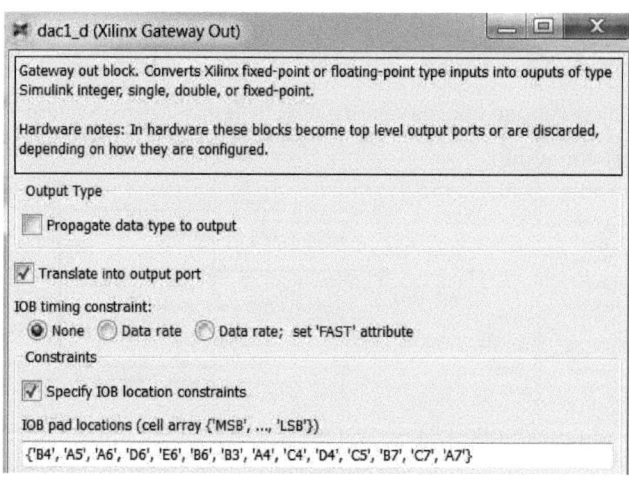

б

Рисунок 3.5 – Изображения диалоговых окон блоков ADC_2 (*а*) и DAC_1 (*б*)

В таблице 4 приведены наименования и описания входных и выходных портов модуля имитатора шумоподобного сигнала с минимальной частотной манипуляцией.

Таблица 4 – Интерфейс модуля имитатора шумоподобных MSK-сигналов

№	Наименование порта	Описание порта	Разрядность	Примечания
1	tau_kod	Значение кода вводимой в сигнал задержки.	Fix 20_0	вход
2	Data_in	Цифровая информация.	Fix 2_0	вход
3	F_dopler	Значение доплеровского смещения частоты.	Fix 10_6	вход
4	1_s_in	Сигнал секундной метки, необходимый для синхронизации шкалы времени экспериментального образца.	Fix 14_0	вход
5	MSK	Шумоподобный MSK-сигнал.	Fix 14_13	выход
6	MSK(tau)	Задержанный шумоподобный MSK-сигнал относительно метки времени, на значение кода введенной в сигнал задержки.	Fix 14_13	выход

На вход второго АЦП (ADC_2) поступает сигнал секундной метки, который через пороговое устройство подключен к четвертому входу (1_s_in) модуля имитатора шумоподобного MSK-сигнала (MSK_GEN_OC_0) и к блоку формирования цифровой информации (INF_MUX_2). Задержанный относительно метки времени на значение кода введенной задержки, шумоподобный MSK-сигнал (MSK(tau)) поступает на первый ЦАП (DAC_1).

3.2 Структура модуля имитатора шумоподобных MSK-сигналов

Разработанный имитатор шумоподобных MSK-сигналов (MSK_GEN_OC_0) включает в себя два основных элемента: генератор псевдослучайной последовательности (PSP_GEN_OC_0_M[14,10,06,01]) и модулятор (Modulator) (рисунок 3.6) [11].

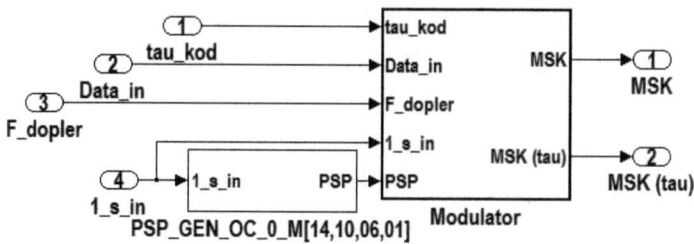

Рисунок 3.6 – Структура модуля формирования шумоподобных MSK-сигналов

Одним из основных элементов модуля имитатора шумоподобных MSK-сигналов является генератор псевдослучайной последовательности (PSP_GEN_OC_0_M[14,10,06,01]). На рисунке 3.7 представлена блок-диаграмма генератора М-последовательности длины 16383. На основе регистра сдвига в Xilinx System Generator for DSP и MatLAB-Simulink разработан генератор псевдослучайной последовательности, формирующий М-последовательность структуры M[14, 10, 06, 01], длины $2^{14}-1=16383$. На вход логической схемы "Исключающее ИЛИ" (XOR) поступают сигналы с 01, 06, 10 и 14 регистровых ячеек, затем преобразованный сигнал поступает на вход 01 регистровой ячейки. На вход генератора ПСП (1_s_in) поступает сигнал секундной метки, который обеспечивает сброс генератора тактовой частоты (CLK_GEN) и всех регистровых ячеек в начальное состояние. Выходным сигналом данного модуля является М-последовательность заданной структуры в виде последовательности символов ±1.

На рисунке 3.8 показана реализация модулятора (Modulator) MSK-сигналов на основе Xilinx System Generator for DSP в соответствии с математическим выражением (4). Сформированная псевдослучайная последовательность с пятого входа модулятора (PSP) поступает на вход блока Accumulator, выполняющего функции интегратора для формирования фазовой решетки сигнала. На второй вход (rst) блока Accumulator поступает сигнал сброса. Блок DDS_1 реализует функцию формирования квадратурных $I(t)$ и $Q(t)$

составляющих сигнала. На вход data поступают отсчеты фазовой решетки сигнала.

Блок DDS_2 реализует функцию формирования опорных сигналов средней частоты. На его вход «data» поступает код средней частоты сигнала с учетом вводимого доплеровского смещения частоты. Далее, обеспечивается выполнение операций в соответствии с математической моделью (4). Затем в сформированный шумоподобный MSK-сигнал вводятся дополнительные особенности (цифровая информация, задержка и т.д.) [11]. Вопросы имитации ШПС, в том числе спектрально-эффективных, развиты автором в [35, 36].

На рисунке 3.9 представлена блок-диаграмма преобразователя (Preobr) с помощью которого формируется сигнал сброса блока DDS_2 для корректного формирования шумоподобных MSK-сигналов. На рисунке 3.10 представлена структура модуля задержки. На рисунке 3.11 приведены временные диаграммы основных сигналов модуля имитации шумоподобных MSK-сигналов. На рисунке 3.12 представлены текущий и усредненный спектры сформированного шумоподобного MSK-сигнала, полученные с помощью анализатора спектра GSP-827.

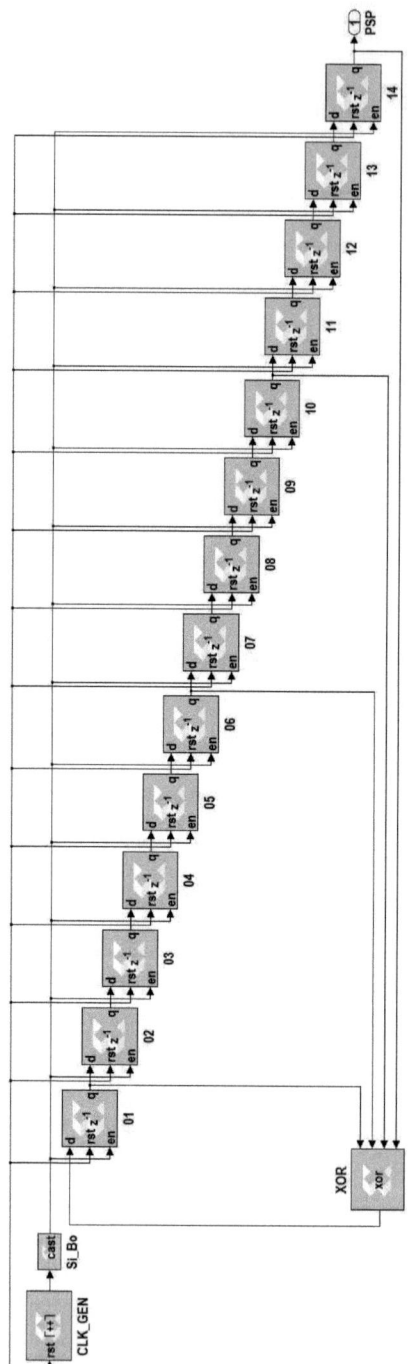

Рисунок 3.7 – Блок-диаграмма генератора ПСП длины 16383 структуры M[14,10,06,01]

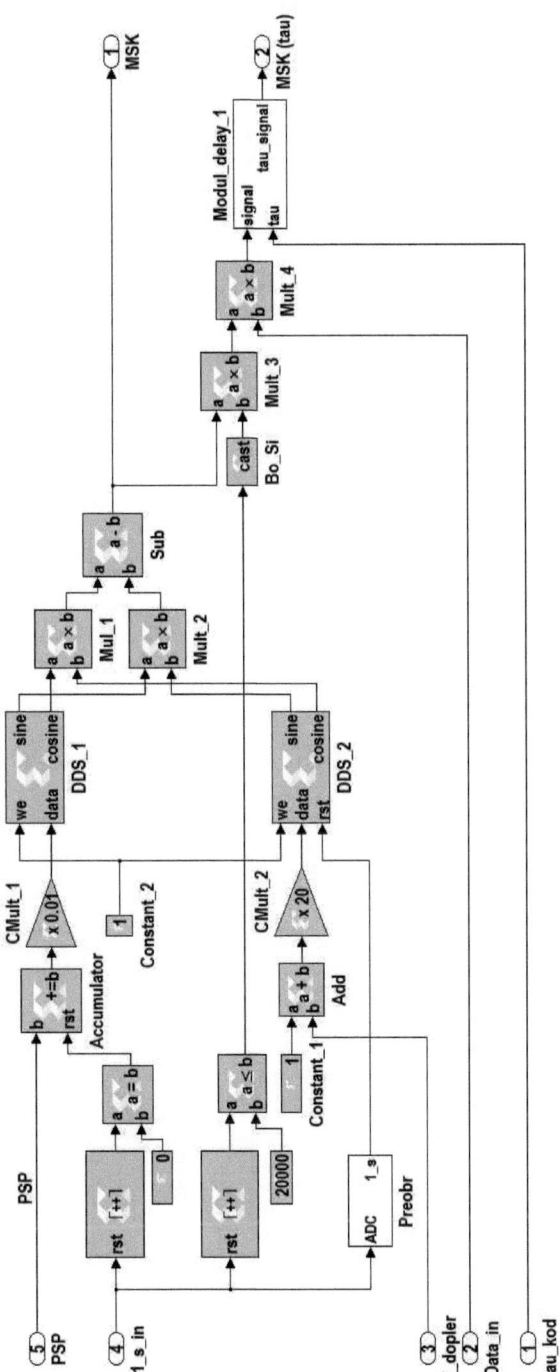

Рисунок 3.8 – Блок-диаграмма модулятора шумоподобных сигналов с минимальной частотной манипуляцией

(квадратурное формирование)

37

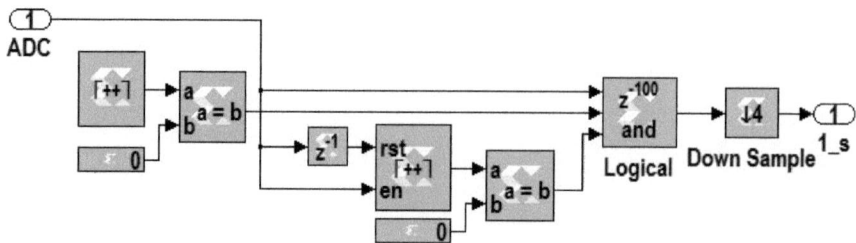

Рисунок 3.9 – Блок-диаграмма преобразователя

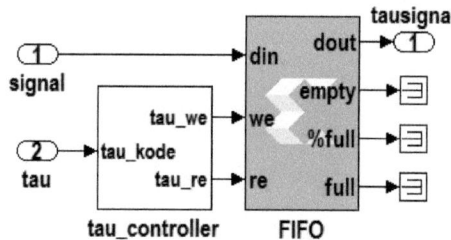

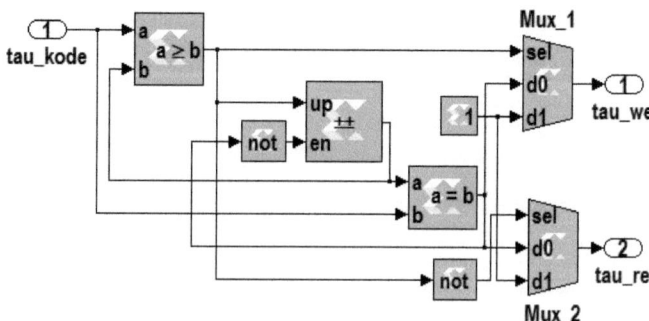

Рисунок 3.10 – Блок-диаграмма модуля задержки сигнала

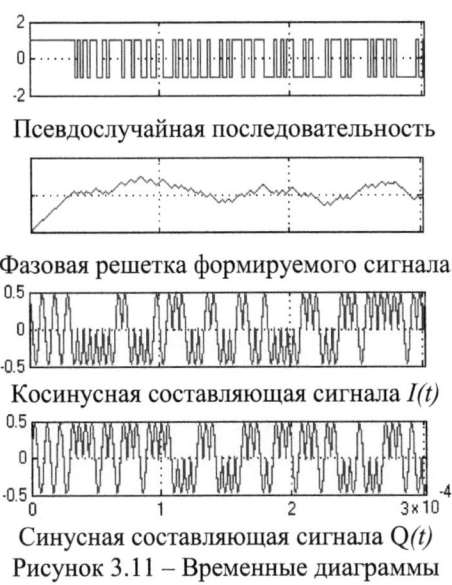

Псевдослучайная последовательность

Фазовая решетка формируемого сигнала

Косинусная составляющая сигнала $I(t)$

Синусная составляющая сигнала $Q(t)$

Рисунок 3.11 – Временные диаграммы

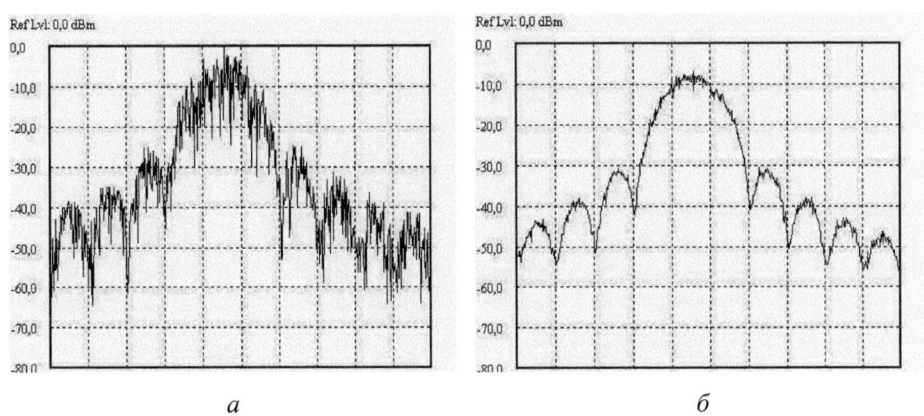

а *б*

Рисунок 3.12 – Текущий и усредненный спектры шумоподобного MSK-сигнала

39

4. Разработка экспериментального образца цифрового приёмника MSK-сигналов средствами Xilinx System Generator for DSP на отладочной плате Xtreme DSP Development Kit-IV

4.1 Структурная схема проведения исследования экспериментального образца цифрового приёмника шумоподобных MSK-сигналов

Разработанный экспериментальный образец цифрового приемника (блок-диаграмма показана на рисунке 4.1) шумоподобного сигнала с минимальной частотной манипуляцией для прототипа наземного сегмента перспективной интегрированной радионавигационной системы реализован на основе программного обеспечения Xilinx System Generator for DSP и отладочного средства XtremeDSP Development Kit-IV (на основе ПЛИС Virtex4 xc4vsx35-10ff668) [11].

Экспериментальный образец цифрового приемника шумоподобных MSK-сигналов решает следующие задачи:

1. Поиск шумоподобных MSK-сигналов по времени запаздывания;

2. Подстройка местной шкалы времени под сигнал передачи момента единой шкалы времени, формируемый аппаратурой потребителей КНС;

3. Кодовая синхронизация;

4. Фазовая синхронизация и демодуляция цифровой информации [11].

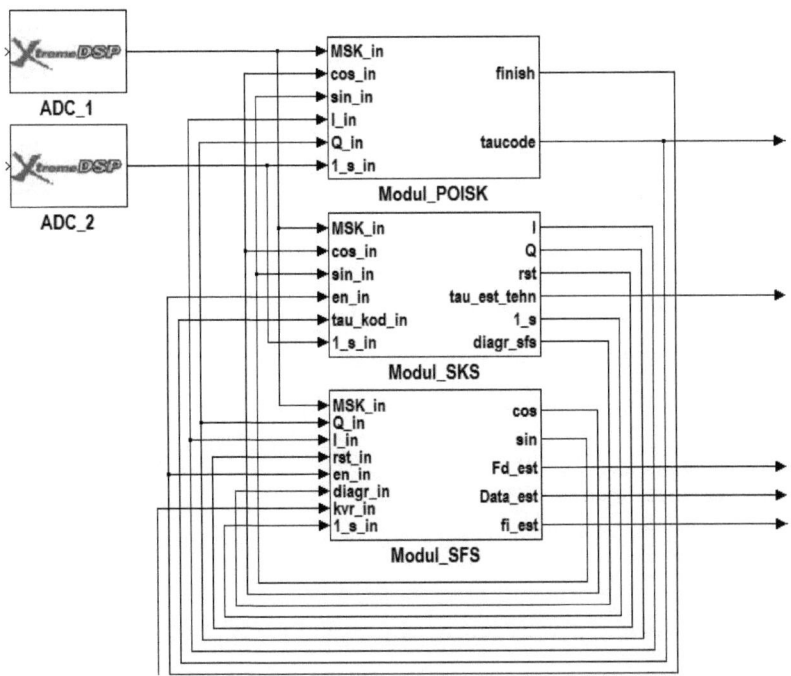

Рисунок 4.1 – Блок-диаграмма цифрового приемника шумоподобного MSK-сигнала, реализованного в Xilinx System Generator for DSP

Модульная организация проекта наглядно иллюстрирует связи между основными подсистемами ЦП.

4.2 Расширение рабочей зоны наземного сегмента перспективной интегрированной радионавигационной системы

Как уже отмечалось, одной из наиболее важных проблем в наземных РНС является прием широкополосного навигационного сигнала на фоне мощной СПП. При приеме ШПС с дополнительно наложенным информационным сигналом существенно ухудшаются корреляционные свойства сигнала, и, соответственно, уменьшается рабочая зона РНС. Уровень боковых лепестков взаимокорреляционной функции шумоподобного MSK-сигнала без наложения дополнительной информации определяется как $d = 20\lg(1/N) \approx 80$ дБ, а при наложении информации – $d = 20\lg(1/\sqrt{N}) \approx 40$ дБ [15, 37]. Представляются доступными несколько способов расширения динамического диапазона ЦП перспективных РНС.

Первый способ заключается в увеличении длины ПСП. К недостаткам этого способа относятся усложнение ЦП и невозможность обеспечения автономной работы наземного сегмента радионавигационной системы, обусловленную сложностью быстрого поиска сигналов ОС.

Второй способ заключается в применении компенсаторов СПП – сигналов «мешающих» ОС. Для эффективной компенсации сигналов «мешающих» ОС необходима высокоточная оценка сразу нескольких параметров, а именно: амплитуды, доплеровского сдвига частоты и информационного символа. Осуществление такого оценивания с высокой точностью представляется возможным лишь в лабораторных условиях. Реально существующие ограничивающие факторы, такие как: неточность временной и фазовой синхронизации, наличие помех от других радиоэлектронных средств, а также значительное влияние среды распространения радиоволн и подстилающей поверхности (как правило, неоднородной) могут привести к невозможности точной компенсации сигналов «мешающих» ОС. Кроме того, в РНС состоящих из нескольких цепочек опорных станций возможна ситуация, когда ЦП должен обеспечить прием сигнала от наиболее удаленной из ОС на фоне сразу нескольких «мешающих» мощных сигналов, таким образом, требуется точная оценка еще большего количества параметров, что существенно усложняет реализацию и ставит под сомнение её эффективность.

Третий способ, рассмотренный в кандидатской диссертации автора, заключается в применении режима кодо-временного разделения (КВР) сигналов ОС. Режим КВР заключается в том, что в течение определенного периода работы ОС передается периодический шумоподобный MSK-сигнал без дополнительной цифровой модуляции ($D(t) = 1$); а в течение другого периода работы –

шумоподобный MSK-сигнал с цифровой модуляцией ($D(t) = \pm 1$, $t \in [0; T_\text{п}]$). Таким образом, решается проблема увеличения динамического диапазона РНС до двух раз, а именно: режим КВР, в отличие от кодового разделения, при длине псевдослучайной последовательности $N \approx 20000$ обеспечивает динамический диапазон РНС до 70 дБ. К недостаткам этого способа следует отнести потери в скорости передачи информации в 2 раза. Устранение указанного недостатка автор рассмотрел в [13].   На рисунке 4.2 представлены некоторые из возможных вариантов реализации режима кодо-временного разделения сигналов опорных станций, которые автор дополнительно рассматривал в [37].

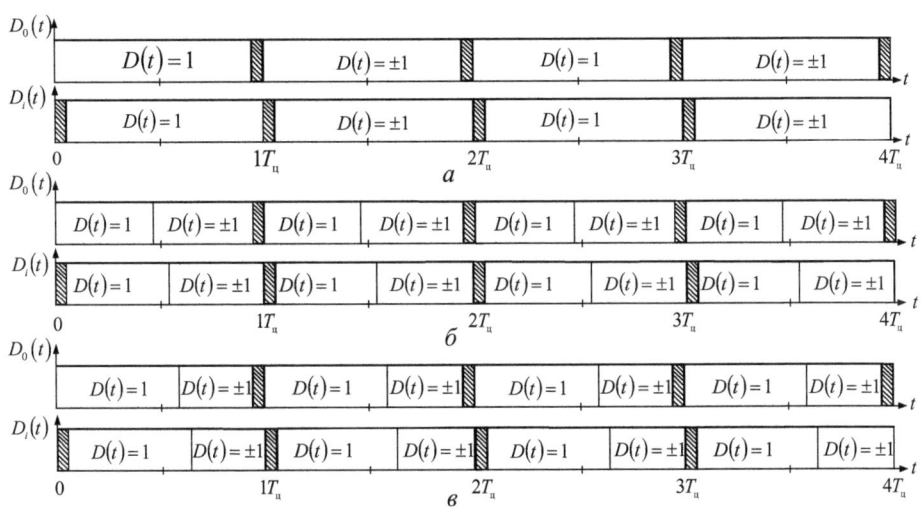

Рисунок 4.2 – Варианты реализации режима кодо-временного разделения

сигналов

Рисунок 4.2, *а* соответствует случаю, когда в течение "нечётных" циклов работы ОС передается периодический шумоподобный MSK-сигнал без дополнительной цифровой модуляции; а в течение "чётных" циклов – шумоподобный MSK-сигнал с цифровой модуляцией. Рисунок 4.2, *б* соответствует случаю, когда каждый цикл работы ОС разделен на две равные

43

части, в первую из которых передается периодический шумоподобный MSK-сигнал без дополнительной цифровой модуляции, а во вторую – шумоподобный MSK-сигнал с цифровой модуляцией. Заштрихованная область на рисунке 4.2 соответствует паузе в сигнале (при её наличии).

Таким образом, решается проблема увеличения динамического диапазона РНС до двух раз, а именно: режим KBP, в отличие от кодового разделения, обеспечивает динамический диапазон ЦП до 60 дБ и более.

4.3 Перечень ключевых параметров экспериментального образца цифрового приемника и имитатора шумоподобных MSK-сигналов.

Ниже представлены основные параметры имитатора и ЦП шумоподобного MSK-сигнала, к ним относятся:

Разрядность АЦП и ЦАП	14
Частота дискретизации	20 МГц
Тактовая частота генератора ПСП	400 КГц
Средняя частота спектра шумоподобных MSK-сигналов	2 МГц
Опорная частота	80 МГц
Длина ПСП	16383

4.4 Условия проведения экспериментального исследования

На рисунке 4.3 показана структурная схема проведения экспериментального исследования, где персональный компьютер с программным обеспечением Xilinx System Generator for DSP; ISE; MatLAB (с оболочкой Simulink) сопряжен с отладочным средством Xtreme DSP Development Kit-IV (на основе ПЛИС Virtex4 xc4vsx35-10ff668) фирмы Xilinx. Отладка алгоритмов цифровой обработки сигналов при работе с физическими сигналами производилась в ПЛИС в реальном масштабе времени [11].

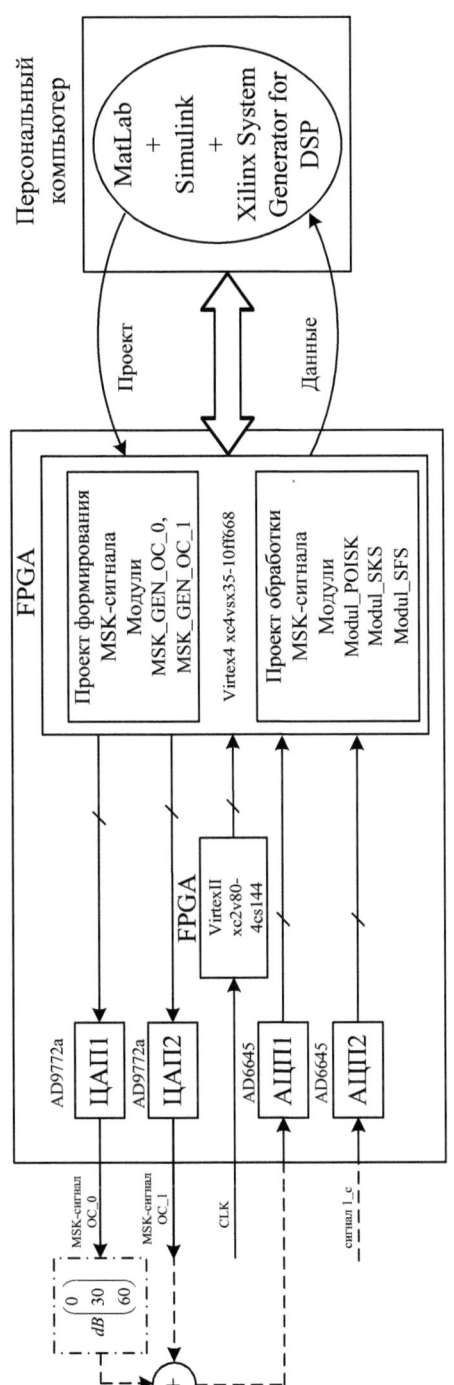

Рисунок 4.3 – Структурная схема проведения экспериментального исследования

При проведении экспериментального исследования допущена некоторая идеализация, а именно:

- имитатор шумоподобных MSK-сигналов и цифровой приемник имеют единую метку времени (что характерно для высокой точности синхронизации шкал времени ОС и ЦП по КНС ГЛОНАСС/*GPS*);

- имитатор шумоподобных MSK-сигналов и цифровой приемник реализованы «на одном кристалле» на основе ПЛИС Virtex4 xc4vsx35-10ff668 (отладочная плата XtremeDSP Development Kit-IV);

- сигнал глобальной тактовой частоты (80 МГц) на имитатор шумоподобных MSK-сигналов и цифровой приемник подаётся от одного опорного генератора;

- шумоподобный MSK-сигнал с выхода ЦАП отладочной платы поступает по радиочастотному кабелю на вход АЦП цифрового приемника (т.е. не учитываются искажения сигнала, обусловленные влиянием среды распространения радиоволн и неоднородностью подстилающей поверхности);

- не учитывается влияние помех от сторонних радиоэлектронных средств;

- не учитывается влияние радиотрактов (в передающем и приемном устройствах);

- на вход ЦП поступают сигналы только 2-х опорных станций ОС_0 и ОС_1.

Реально, для проведения экспериментов подавление полезного сигнала на 30 дБ и 60 дБ относительно структурно-подобных помех обеспечивалось с помощью аттенюаторов.

4.5 Уровни сигналов

Амплитуда максимального сигнала на входе цифрового приемника полагается равной $A_{max} = 1$В. Это соответствует удалению ЦП от опорной станции на минимально допустимое расстояние. Амплитуда минимального сигнала на входе цифрового приемника полагается равной $A_{min} = 0,0001$В. Это соответствует максимальному удалению ЦП от опорной станции.

Отношение СПП/сигнал определяется как $\gamma = 20\lg\left(A_{max}/A_{min}\right)$. Для примера, $\gamma = 20\lg\left(1/A\right) = 60$ дБ, откуда $A = 0{,}001$ В, где A – амплитуда полезного сигнала при проведении тестов для определения максимально допустимого γ.

γ, дБ	0	10	20	30	40	50	60	70	80
A, В	1	0,3	0,1	0,03	0,01	0,003	0,001	0,0003	0,0001

Пороговое отношение сигнал/шум на входе цифрового приемника $q = 20\lg\left(A_{min}/\sigma_{ш}\right) = -40$ дБ, откуда $\sigma_{ш} = 0{,}01$ В.

4.6 Результаты исследования экспериментального образца цифрового приёмника шумоподобных MSK-сигналов

4.6.1. Прием сигнала одной опорной станции.

При проведении экспериментального исследования сигнал ОС с амплитудой $A_{max} = 1$ В, без шума и структурно-подобной помехи с выхода ЦАП отладочной платы подавался по радиочастотному кабелю на вход АЦП цифрового приемника. На рисунках 4.4 – 4.6 представлены временные диаграммы результатов работы модулей поиска и системы кодовой синхронизации. На рисунках использованы следующие обозначения: $\hat{\tau}_k$ – код задержки сигнала, выраженный в тактах частоты дискретизации сигнала; k – номер периода ШПС (отсчёты дискретного времени).

Из рисунков видно, что время поиска составляет порядка $800k$. Результатом работы модуля поиска является определение значения кода задержки (в рассмотренном примере '200', при истинном значении задержки равном '220').

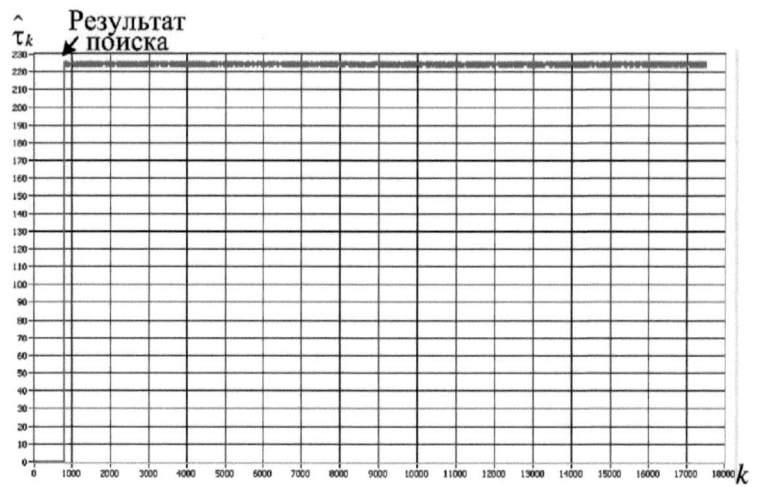

Рисунок 4.4 – Код задержки сигнала (результат работы модуля СКС)

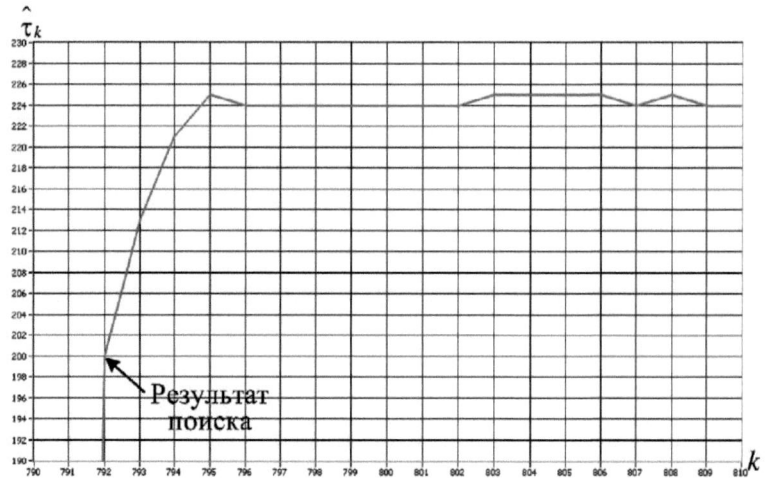

Рисунок 4.5 – Код задержки сигнала (увеличенный масштаб)

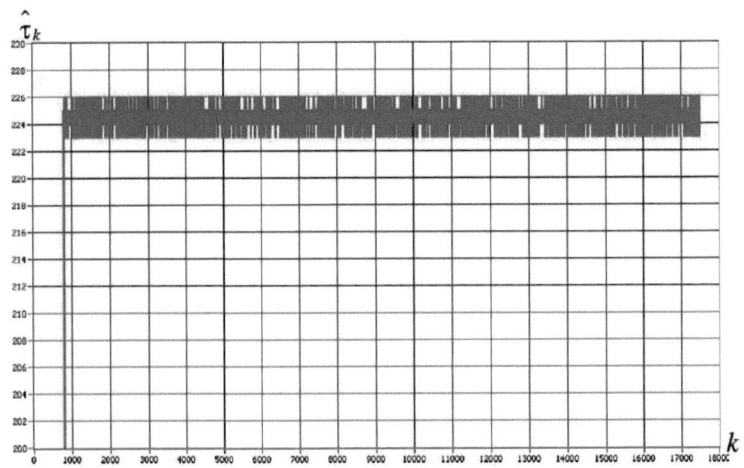

Рисунок 4.6 – Код задержки сигнала (увеличенный масштаб)

На рисунках 4.7 – 4.8 представлены зависимости частотной ошибки модуля СФС от k.

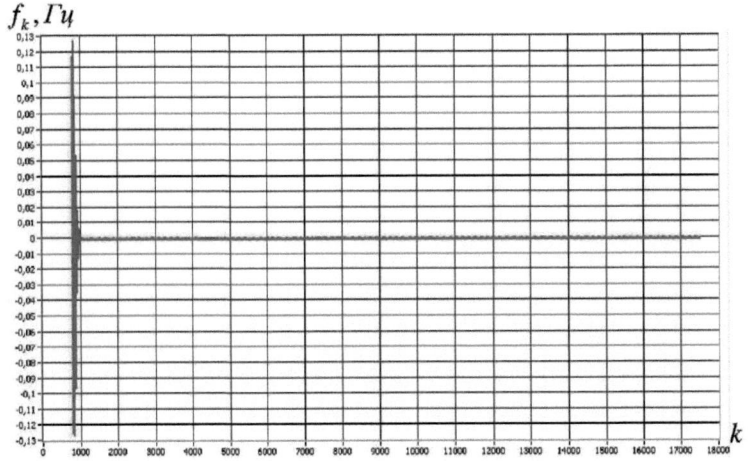

Рисунок 4.7 – Частотная ошибка

49

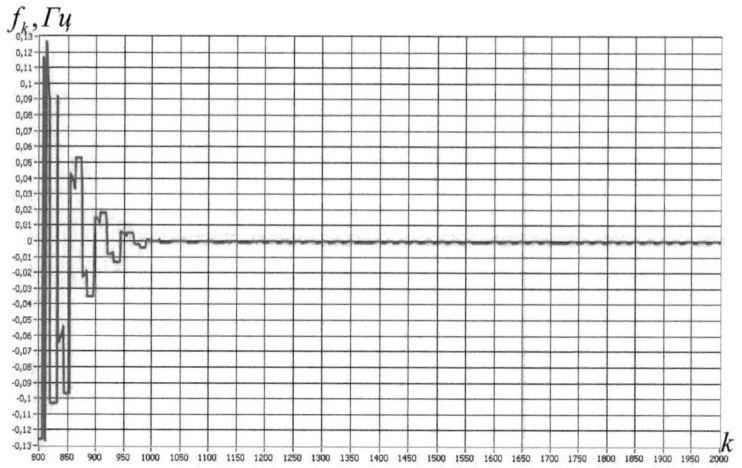

Рисунок 4.8 – Частотная ошибка

На рисунке 4.9 представлены временные диаграммы символов передаваемой (красным цветом) и принимаемой (синим цветом) цифровой информации. От периода к периоду работы ОС специально имитировалась передача одной и той же информации.

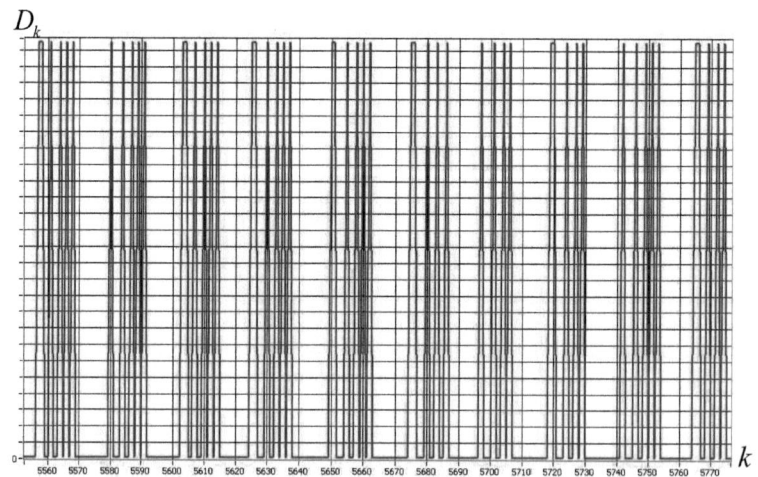

Рисунок 4.9 – Оценка информационного символа

4.6.2. Прием сигнала опорной станции на фоне структурно-подобной помехи.

При проведении экспериментального исследования аддитивная смесь сигналов ОС с амплитудами $A = 0,03\text{В}$ и $A_{max} = 1\text{В}$ (СПП) с выходов ЦАП отладочной платы поступала по радиочастотному кабелю на вход АЦП цифрового приемника. На рисунках 4.10 – 4.12 представлены временные диаграммы работы модулей поиска и СКС.

Из рисунков видно, что время поиска составляет порядка $800k$. Результатом работы модуля поиска является определение значения кода задержки (в рассмотренном примере '250', при истинном значении задержки равном '220').

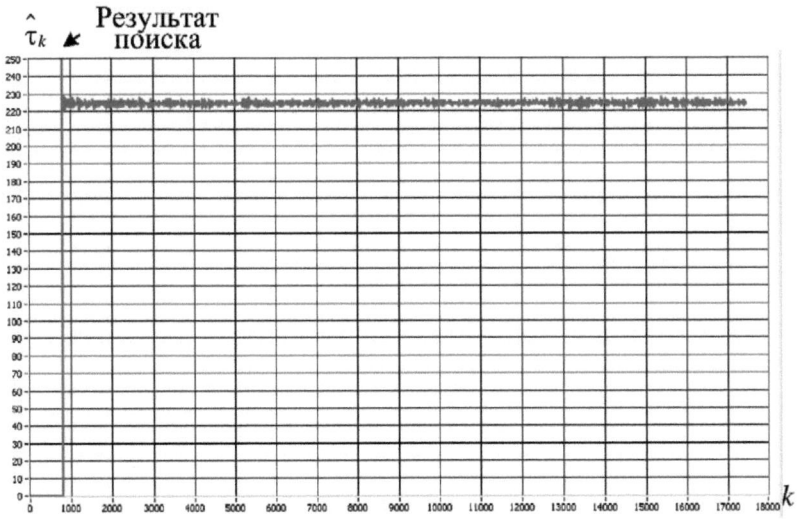

Рисунок 4.10 – Код задержки сигнала (результат работы модуля СКС)

51

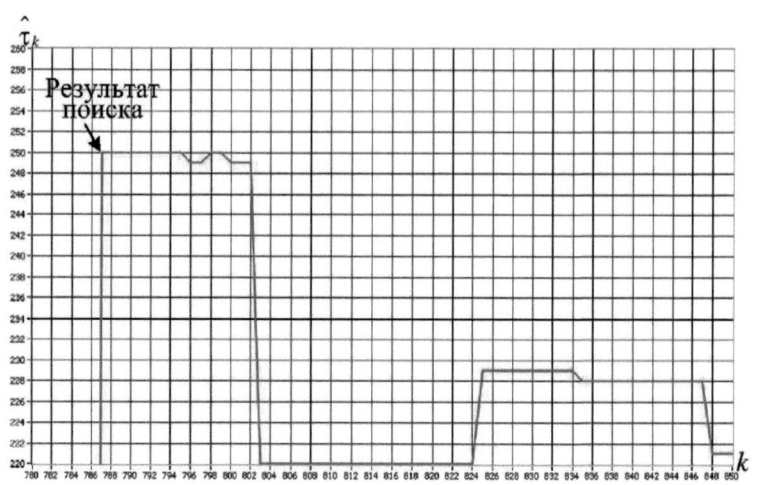

Рисунок 4.11 – Код задержки сигнала (увеличенный масштаб)

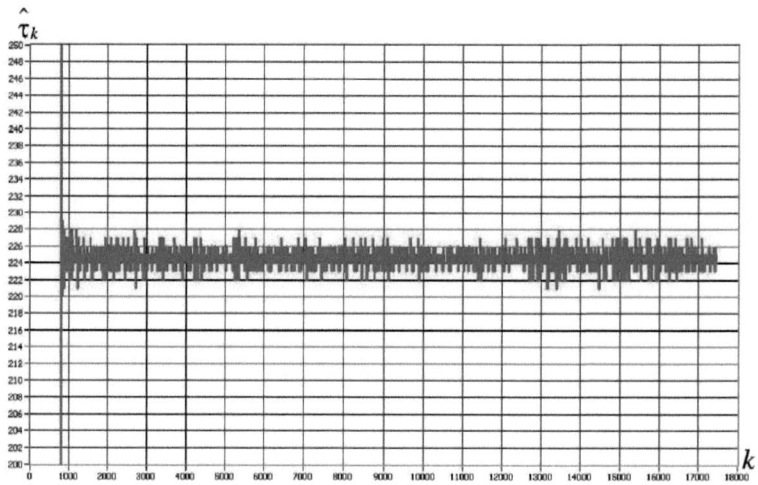

Рисунок 4.12 – Код задержки сигнала (увеличенный масштаб)

На рисунке 4.13 представлена зависимость частотной ошибки модуля СФС от k. На рисунке 4.14 представлены временные диаграммы символов передаваемой (красным цветом) и принимаемой (синим цветом) цифровой информации. От периода к периоду работы ОС специально имитировалась передача одной и той же информации.

52

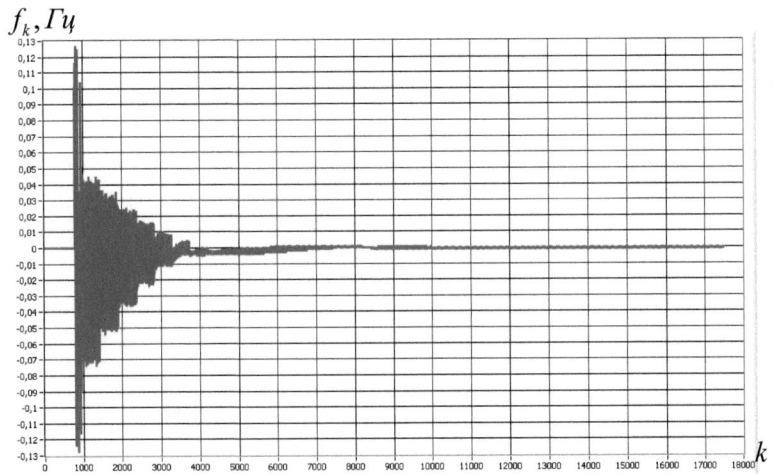

Рисунок 4.13 – Частотная ошибка

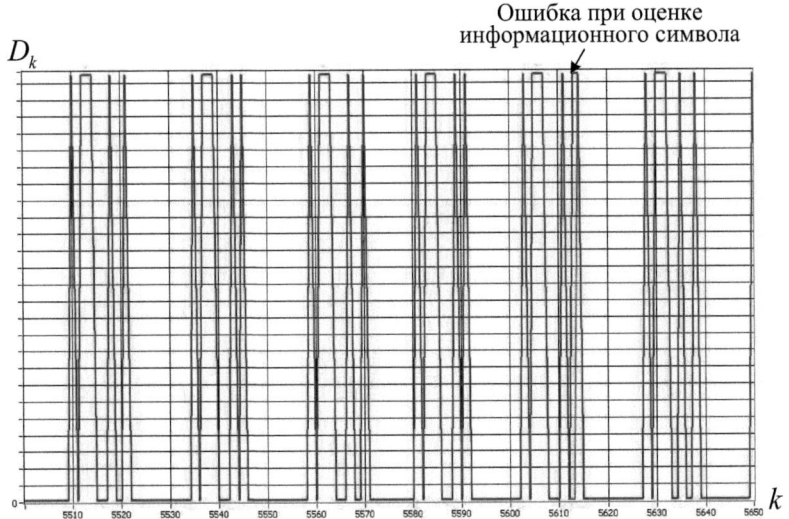

Рисунок 4.14 – Оценка информационного символа сигнала ОС

4.6.3. Прием сигнала опорной станции на фоне мощной структурно-подобной помехи.

При проведении экспериментального исследования аддитивная смесь сигналов ОС с амплитудами $A = 0,001\text{В}$ $A_{\max} = 1\text{В}$ (СПП) с выходов ЦАП отладочной платы поступала по радиочастотному кабелю на вход АЦП цифрового приемника. На рисунках 4.15 – 4.17 представлены временные диаграммы работы модулей поиска и СКС.

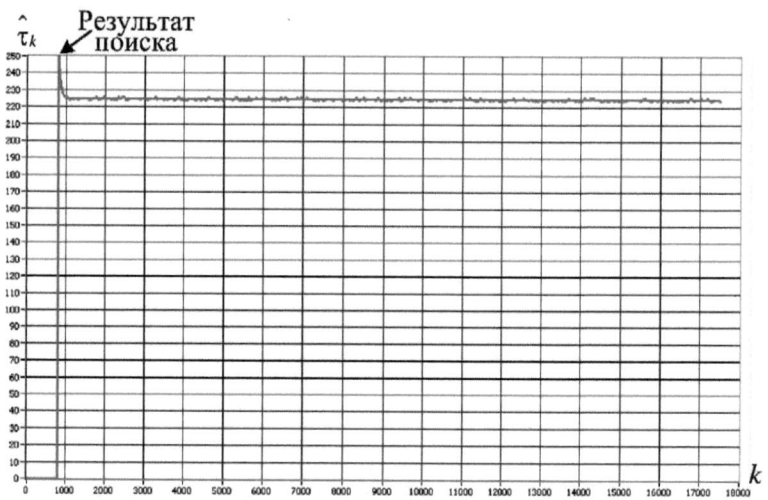

Рисунок 4.15 – Код задержки сигнала (результат работы модуля СКС)

Из рисунков видно, что время поиска составляет порядка $800k$. Результатом работы модуля поиска является определение значения кода задержки (в рассмотренном примере '250', при истинном значении задержки равном '220').

54

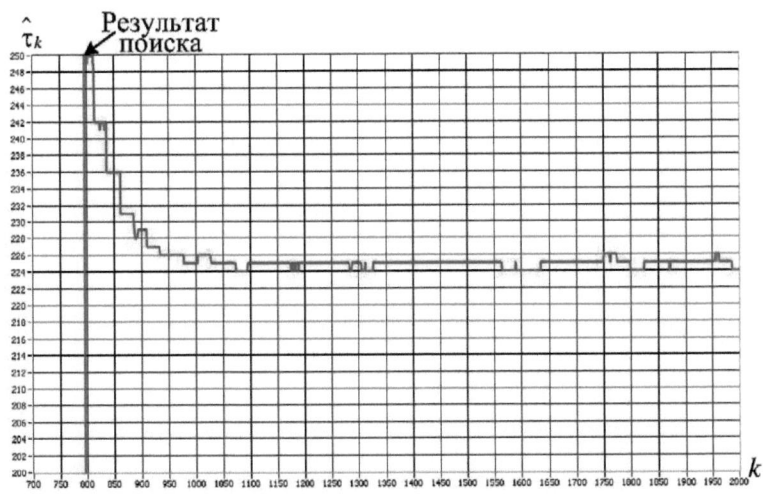

Рисунок 4.16 – Код задержки сигнала (увеличенный масштаб)

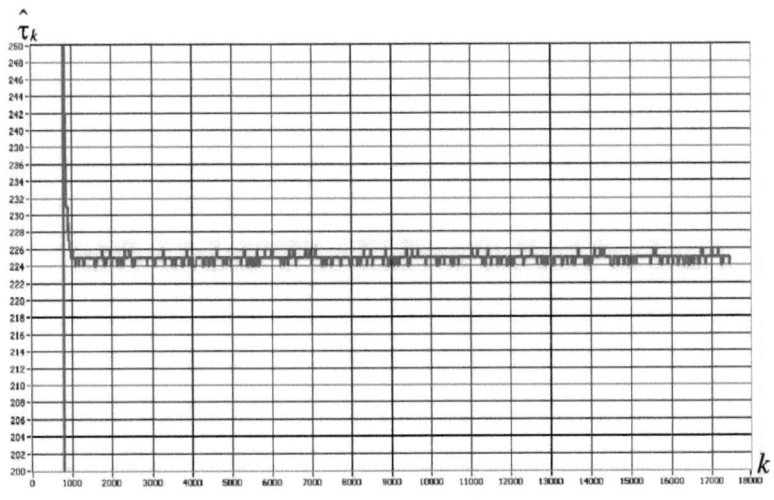

Рисунок 4.17 – Код задержки сигнала (увеличенный масштаб)

На рисунке 4.18 представлена зависимость частотной ошибки модуля СФС от k. На рисунке 4.19 представлены временные диаграммы символов передаваемой (красным цветом) и принимаемой (синим цветом) цифровой информации. От периода к периоду работы ОС специально имитировалась передача одной и той же информации.

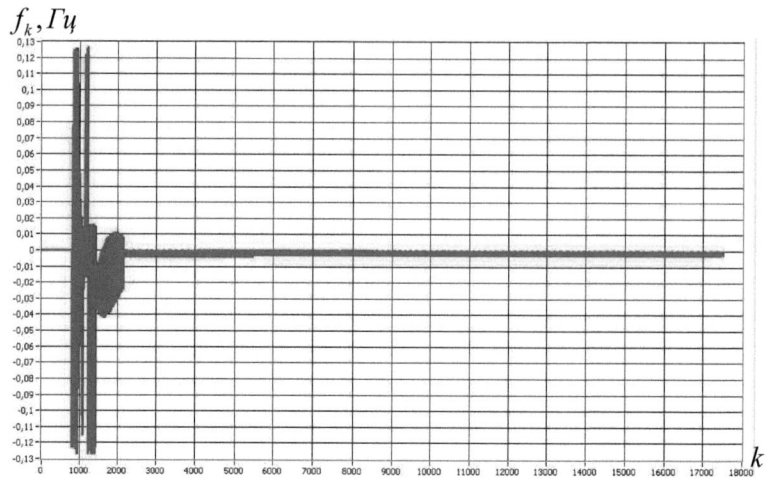

Рисунок 4.18 – Частотная ошибка

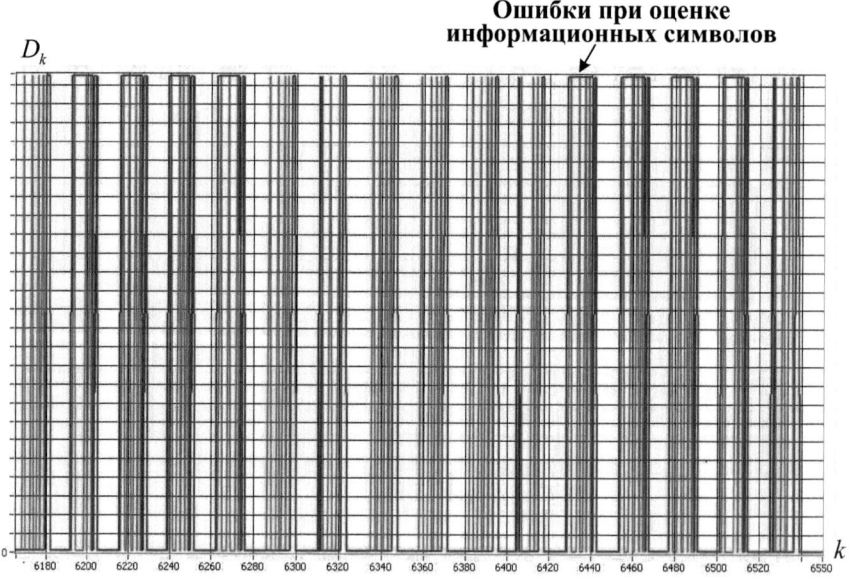

Рисунок 4.19 – Оценка информационного символа сигнала ОС

Серии аналогичных экспериментов, проведённых при описанных условиях, но с учётом аддитивного белого гауссовского шума, также показали работоспособность цифрового приёмника. Возможные меры по коррекции ошибок при демодуляции цифровой информации не применялись.

Заключение

Разработаны и исследованы алгоритмы цифрового приёма и имитации шумоподобных спектрально-эффективных сигналов с минимальной частотной манипуляцией (MSK) на основе современных средств проектирования и натурной верификации алгоритмов цифровой обработки сигналов.

Разработан экспериментальный образец имитатора MSK-сигналов средствами Xilinx System Generator for DSP с помощью отладочного средства Xtreme DSP Development Kit-IV (ПЛИС Virtex4 xc4vsx35-10ff668).

Разработан экспериментальный образец цифрового приёмника MSK-сигналов для прототипа наземного сегмента высокоточной интегрированной радионавигационной системы средствами Xilinx System Generator for DSP с помощью отладочного средства Xtreme DSP Development Kit-IV (ПЛИС Virtex4 xc4vsx35-10ff668). Проведено экспериментальное исследование разработанных экспериментальных образцов имитатора и цифрового приёмника MSK-сигналов.

Разработаны и реализованы алгоритмы кодовой синхронизации цифрового корреляционного приёмника шумоподобных MSK-сигналов для прототипа наземного сегмента высокоточной интегрированной РНС на базе персонального компьютера и отладочного средства Xtreme DSP Development Kit-IV средствами Xilinx System Generator for DSP, MatLAB-Simulink. Разработанный модуль кодовой синхронизации экспериментального образца цифрового приёмника обеспечивает точность синхронизации на уровне 15 нс (при тактовой частоте ПЛИС 80 МГц).

Разработаны, исследованы и реализованы алгоритмы нестационарной фазовой синхронизации цифрового корреляционного приёмника шумоподобных MSK-сигналов на базе персонального компьютера и отладочного средства Xtreme DSP Development Kit-IV средствами Xilinx System Generator for DSP, MatLAB-Simulink. Разработанный модуль фазовой синхронизации экспериментального образца цифрового приёмника обеспечивает точность подстройки средней частоты спектра шумоподобного MSK-сигнала на уровне не хуже чем 0,0002 Гц.

Представлены результаты экспериментального исследования разработанных экспериментальных образцов имитатора и цифрового приёмника MSK-сигналов для прототипа наземного сегмента высокоточной интегрированной радионавигационной системы. Экспериментально определены спектральные и временные характеристики имитируемых сигналов, показаны временные диаграммы работы модулей кодовой и фазовой синхронизации экспериментального образца цифрового приёмника.

Впервые реализован режим кодо-временного разделения шумоподобных спектрально-эффективных сигналов для решения задачи расширения рабочей зоны прототипа наземного сегмента РНС, входящей в интегрированную систему навигации. Продемонстрирована работоспособность цифрового приёмника шумоподобного MSK-сигнала на фоне интенсивной структурно-подобной помехи с абсолютно идентичной формой спектра.

На пути к дальнейшему повышению точности и помехоустойчивости, автором прорабатываются и исследуются вопросы, касающиеся влияния технико-технологических ограничений на характеристики разработанного цифрового приёмника [38, 39, 40].

Список использованных источников

1. Веб-ресурс: http://www.xilinx.com/products/design-tools/vivado/integration/sysgen.htm

2. Веб-ресурс: http://www.mathworks.com/solutions/fpga-design/simulink-with-xilinx-system-generator-for-dsp.html

3. Веб-ресурс: http://www.xilinx.com/prs_rls/ip/0466_sysgen.htm

4. Веб-ресурс: http://www.xilinx.com/support/documentation/user_guides/ug073.pdf

5. Варакин Л.Е. Системы связи с шумоподобными сигналами / Л.Е. Варакин. – М.: Радио и связь, 1985. – 384 с.

6. ГЛОНАСС. Принципы построения и функционирования / Под ред. А.И. Перова, В.Н. Харисова. Изд. 4-е, перераб. и доп. М.: Радиотехника. 2010. 800 с.

7. Кокорин В.И. Радионавигационные системы и устройства : Учеб. пособие. Красноярск: ИПЦ КГТУ. 2006. 175 с.

8. Pasupathy S. Minimum Shift Keying: A Spectrally Efficient Modulation / S. Pasupathy // IEEE Commun. Mag., July, 1979. P. 14–22.

9. Бондаренко В.Н. Система фазовой синхронизации приемника псевдослучайного сигнала с минимальной частотной манипуляцией / В.Н. Бондаренко, Е.В. Кузьмин // Сб. науч. тр. «Соврем. пробл. радиоэл.». Красноярск: ИПЦ КГТУ. – 2005. – С.60 – 62.

10. Болошин С.Б. Сигналы ГНСС на основе спектрально-эффективной модуляции / С.Б. Болошин, В.П. Ипатов, Б.В. Шебшаевич // Новости навигации. – №1. – 2011. – С.8 – 13. – Режим доступа: http://www.internavigation.ru/documents/magazine/2011_1.pdf

11. Kuzmin E.V. Development and experimental investigation of digital MSK-signal receiver / E.V. Kuzmin // IX International Siberian Conference on Control and Communications (SIBCON – 2011). Proceedings. – 2011. – 555 p. – P.67 – 70.

12. Кузьмин Е.В. Анализ помехоустойчивости квазиоптимальной процедуры корреляционной обработки шумоподобного MSK-сигнала / Е.В. Кузьмин // Известия вузов России. Радиоэлектроника. – №3. – 2012. – С.65 – 71.

13. Кузьмин Е.В. Повышение скорости передачи цифровой информации в составе измерительного шумоподобного MSK-сигнала перспективной радионавигационной системы / Е.В. Кузьмин // Радиотехника. – №6. – 2013. – С.93 – 95.

14. Nard G. Geoloc: Spread spectrum concept applied in new accurate medium-long range radiopositioning system / G. Nard // France, 1984. – Sercel.

15. Бондаренко В.Н., Кокорин В.И. Широкополосные радионавигационные системы с шумоподобными частотно-манипулированными сигналами. Новосибирск: Наука, 2011. – 257 с.

16. Madhani P: Mitigation-of the Near-Far Problem by Successive Interference Cancellation // ION GPS-2001: The 14th International Technical Meeting of The Satellite Division of The' Institute of Navigation. Salt Lake City (Utah), 2001. -P.148-154.

17. Kuzmin E.V. Comparative Analysis of Phase-lock Control System Algorithms for Spread-spectrum Signal Receiver / Е.В. Кузьмин // Журнал Сибирского федерального университета. Серия «Техника и технологии». – Т.4. – №1. – 2011. – С.35 – 39. – Режим доступа: http://elib.sfu-kras.ru/bitstream/2311/2276/1/04_Kuzmin.pdf.

18. Ширман Я.Д., Манжос В.Н. Теория и техника обработки радиолокационной информации на фоне помех. – М.: Радио и связь, 1981.

19. Леховицкий Д.И., Флексер П.М., Атаманский Д.В., Кириллов И.Г. Статистический анализ сверхразрешающих методов пеленгации источников шумовых излучений в АР при конечном объеме обучающей выборки. Антенны, № 2 (45). – 2000.

20. Введение в теорию радиолокационных систем: монография / М.И. Ботов, В.А. Вяхирев, В.В. Девотчак; ред. М.И. Ботов. – Красноярск : Сиб. Федер. Ун-т, 2012. – 394 с.

21. Яскин Ю.С., Харисов В.Н., Ефименко В.С., Бойко С.Н., Быстраков С.Г., Пастухов А.В., Савельев С.А. Характеристики подавления помех в первом образце помехоустойчивой аппаратуры потребителей СРНС ГЛОНАСС/GPS с адаптивной антенной решеткой // Радиотехника. – 2010. – №7. – С. 127 – 136.

22. Ратынский М.В. Адаптация и сверхразрешение в антенных решетках. – М.: Радио и связь, 2003.

23. Кузьмин Е.В., Ботов М.И., Вяхирев В.А. Особенности обнаружения и измерения параметров радиосигналов на фоне интенсивных внешних помех. Научно-технические серии. Серия «Радиосвязь и радионавигация». Выпуск 3. Радионавигационные технологии / Коллективная монография // под ред. А.И. Перова, И.Б. Власова. – М.: Радиотехника, 2013. – 162 с.: ил. С. 55 – 59.

24. Кузьмин Е.В. Сравнительный анализ помехоустойчивости последовательных процедур поиска шумоподобного сигнала / Е.В. Кузьмин, В.А. Вяхирев // Современные проблемы радиоэлектроники: сб. науч. тр. [Электронный ресурс] – Красноярск: Сиб. федер. ун-т, 2014. – 606с. С.121 – 124. – Режим доступа: http://efir.sfu-kras.ru/sites/efir.institute.sfu-kras.ru/files/SPR-2014.pdf.

25. Бондаренко В. Н. Кодовая синхронизация приемоиндикатора широкополосной радионавигационной системы / В. Н. Бондаренко, А. Г. Бяков, В. И. Кокорин // Вестник Иркутского государственного технического университета № 3 – Иркутск: ИрГТУ, 2007. – С. 44 – 50.

26. Kuzmin E.V. Accelerated Phase-lock-loop Frequency Control Methods of User's Equipment in Perspective Radio Navigation Systems / Е.В. Кузьмин // Журнал Сибирского федерального университета. Серия «Техника и технологии». – Т.1. №3. – 2008. – С.276 – 286. – Режим доступа: http://elib.sfu-kras.ru/bitstream/2311/864/1/07_Kuzmin.pdf.

27. Кузьмин Е.В. Исследование согласованного фильтра шумоподобного сигнала средствами Xilinx System Generator for DSP и Xtreme DSP Development Kit-IV / Е.В. Кузьмин, В.И. Кокорин, А.С. Ахметшин // Современные проблемы развития науки, техники и образования: сб. науч. тр. – Красноярск: ИПК СФУ. – 2009. – 748 с. С.424 – 428.

28. Кузьмин Е.В. Согласованная фильтрация шумоподобного сигнала перспективной радионавигационной системы / Е.В. Кузьмин, А.С. Ахметшин // Молодежь и наука: сб. материалов Всероссийской научно-технической

конференции студентов, аспирантов и молодых ученых: в 11 ч. Ч.5. – Красноярск. – 2010. – 488 с. С.371 – 372.

29. Кузьмин Е.В. К вопросу поиска шумоподобного сигнала на основе метода согласованной фильтрации / Е.В. Кузьмин // Радиоэлектроника, электротехника и энергетика: труды Международной конференции студентов, аспирантов и молодых ученых. в 2 т. Т.1. – Томск. – 2011. – 340 с. С.15 – 16.

30. Кузьмин Е.В. Синтез согласованного фильтра для задачи поиска шумоподобного MSK-сигнала перспективной радионавигационной системы / Е.В. Кузьмин, А.С. Ахметшин // Успехи современной радиоэлектроники. – №9. – 2012. – С.65 – 69.

31. Кузьмин Е.В. Методы равновесовой обработки шумоподобных сигналов с минимальной частотной манипуляцией / Е.В. Кузьмин // Журнал радиоэлектроники. – 2007. – №9. – Режим доступа: http://jre.cplire.ru/jre/sep07/2/text.html.

32. Кузьмин Е.В. Аппроксимация оптимальной решающей функции для алгоритма фазового дискриминирования шумоподобного MSK-сигнала / Е.В. Кузьмин // Журнал радиоэлектроники. – 2012. – №2. – Режим доступа: http://jre.cplire.ru/jre/feb12/8/text.html.

33. Кузьмин Е.В. Реализация и исследование потенциальной точности комбинированной системы синхронизации следящего корреляционного приёмника MSK-сигнала / Е.В. Кузьмин // Радиоэлектроника, электротехника и энергетика: труды Международной конференции студентов, аспирантов и молодых ученых. в 2 т. Т.1. – Томск. – 2011. – 340 с. С.38 – 41.

34. Кузьмин Е.В. Программа для вычисления математического ожидания и среднего квадратического отклонения ошибки системы фазовой синхронизации. Свидетельство о государственной регистрации программы для ЭВМ № 2011617462, зарегистр. в Реестре программ для ЭВМ 23.09.2011 г.

35. Кузьмин Е.В. Анализ требований к точности цифрового синтеза частоты для имитации и обработки шумоподобного сигнала морской высокоточной навигационной системы / Е.В. Кузьмин // Молодежь и наука: в 4 т.: материалы

конф. Т.3. – Красноярск: Сибирский федеральный ун-т. – 2012. – 616 с. С.311 – 314. – Режим доступа: http://conf.sfu-kras.ru/sites/mn2012/thesis/s023/s023-012.pdf.

36. Кузьмин Е.В. Расширение функциональных возможностей имитатора сигналов высокоточной РНС / Е.В. Кузьмин, А.В. Бауточко // Молодежь и наука: сборник материалов IX Всероссийской научно-технической конференции студентов, аспирантов и молодых ученых с международным участием, посвященной 385-летию со дня основания г. Красноярска [Электронный ресурс] – Красноярск: Сибирский федеральный ун-т. – 2013. – Режим доступа: http://conf.sfu-kras.ru/sites/mn2013/thesis/s111/s111-005.pdf.

37. Кузьмин Е.В. Обзор способов расширения рабочей зоны перспективной радионавигационной системы / Е.В. Кузьмин, Я.И. Сенченко // Молодежь и наука: в 3 т.: материалы конф. Т.3. – Красноярск: Сибирский федеральный ун-т. – 2011. – 415 с. С.338 – 343.

38. Кузьмин Е.В. Анализ частотных характеристик полосно-пропускающего фильтра в составе программно-аппаратного комплекса перспективной радионавигационной системы / Е.В. Кузьмин, Ф.Г. Зограф, В.И. Вепринцев, Г.К. Былкова, А.В. Бауточко // Современные проблемы науки и образования. – №2. – 2013. – Режим доступа: http://www.science-education.ru/108-8730.

39. Кузьмин Е.В. Экспериментальное исследование характеристик радиотракта приёмоиндикатора перспективной РНС / Е.В. Кузьмин, А.В. Бауточко // Современные проблемы радиоэлектроники: сб. науч. тр. – Красноярск: Сиб. федер. ун-т, 2013. – 472с. С.225 – 227.

40. Кузьмин Е.В. Модель управляемого цифрового синтезатора частот в ORCAD / Е.В. Кузьмин, Ф.Г. Зограф // Современные проблемы науки и образования. – №2. – 2014. – Режим доступа: http://www.science-education.ru/116-12876.

Приложение А — Условные обозначения и описание элементов библиотек пакета Xilinx System Generator for DSP

Графическое обозначение	Описание элемента
LFSR	*Linear feedback shift register* (LFSR) линейный регистр сдвига с обратными связями. Генератор последовательности состоит из регистра сдвига и соответствующей логической схемы, с выхода которой по цепи обратной связи поступает на вход регистра сдвига информация о логической комбинации состояний двух или более его разрядов.
Gateway In	*Входной интерфейсный блок "Gateway In"* — обеспечивает ввод тестовых сигналов из MatLAB-Simulink и их подведение к блокам Xilinx System Generator for DSP.
Gateway Out	*Выходной интерфейсный блок "Gateway Out"* — обеспечивает вывод сигналов из блоков Xilinx System Generator for DSP для дальнейшей визуализации либо обработки в MatLAB-Simulink.
Down Sample	*Компрессор частоты дискретизации "Down Sample"* — обеспечивает понижение частоты дискретизации в заданное пользователем число раз.
Logical	*Логический блок "Logical"* — выполняет логические операции И, И-НЕ, ИЛИ, ИЛИ-НЕ, Исключающее ИЛИ.
Register	*Регистровая ячейка "Register"* — обеспечивает задержку входных данных на один такт. Имеет опционный вход разрешения работы.
Relational	*Блок проверки условий "Relational"* — обеспечивает сравнение сигналов по заданному условию.
Constant	*Имитатор константы "Constant"* — обеспечивает формирование константы с заданным пользователем номиналом.
Delay	*Ячейка задержки "Delay"* — обеспечивает задержку входных данных на количество тактов заданных пользователем.

Accumulator	*Сумматор-накопитель "Accumulator"* – блок, выполняющий функции накапливающего сумматора (вычитателя). Имеет опционные входы разрешения работы, сброса.
Counter	*Счётчик "Counter"* – блок, выполняющий функции счетчика, в том числе реверсивного. Возможны опционные входы для сигналов сброса, начальной загрузки и прочие.
Convert	*Преобразователь типов "Convert"* – преобразует входной сигнал в необходимый для дальнейших вычислений тип данных.
DDS Compiler v2_0	*Цифровой управляемый генератор "DDS Compiler"* – предназначен для формирования гармонического сигнала, заданной частоты и начальной фазы. Возможны опционные входы разрешения работы и прочие.
Mult	*Умножитель "Mult"* – блок, выполняющий операции умножения.
Threshold	*Знаковый блок "Threshold"* – блок, обладающий знаковой характеристикой.
AddSub	*Сумматор "AddSub"* – блок, выполняющий операции суммирования или вычитания сигналов.
SineCosine	*Блок вычисления "SineCosine"* – блок, вычисляющий функции синуса и косинуса на выходах *sin/cos* по отсчётам полной фазы на входе *theta*.
ADC1	*Блок АЦП "ADC"* – блок, включаемый в проект для обработки внешнего сигнала в режиме ко-симуляции, при работе с отладочным средством фирмы Xilinx.
DAC1	*Блок ЦАП "DAC"* – блок, включаемый в проект для выдачи формируемого в проекте сигнала во внешние устройства в режиме ко-симуляции, при работе с отладочным средством фирмы Xilinx.

Приложение Б – Условные обозначения и описание элементов библиотек пакета MatLAB-Simulink.

Графическое обозначение	Описание элемента
PN Sequence Generator	*Генератор псевдослучайной последовательности* – стандартный блок Simulink, предназначенный для формирования ПСП заданной структуры.
-C- Constant	*Источник постоянного сигнала* – блок, предназначенный для формирования постоянных сигналов. Данный блок генерирует скалярное значение, вектор или матрицу, в зависимости от параметров, которые задает пользователь.
× Product	*Умножитель* – блок, выполняющий операции умножения или деления входных сигналов, используя поэлементное или матричное вычисление, в зависимости от заданных пользователем параметров.
или	*Сумматор* (или вычитающее устройство) – блок, выполняющий суммирование или вычитание скалярных, векторных или многомерных массивов входных сигналов.
$\frac{1}{s}$ Integrator	*Интегратор* – блок, который позволяет использовать различные методы численного интегрирования входных сигналов. Пользователь самостоятельно выбирает наиболее подходящий для его конкретной задачи метод интегрирования.
sin(u) cos(u) SinCos	*Табличная функция* sin *и* cos – стандартный блок Simulink необходимый при вычислениях тригонометрических функций sin *и* cos.
Ramp	*Источник линейно-изменяющегося воздействия* – блок, который формирует сигнал с линейно-возрастающей или линейно-убывающей амплитудой.

Приложение В – фото отладочного средства XtremeDSP Development Kit-IV

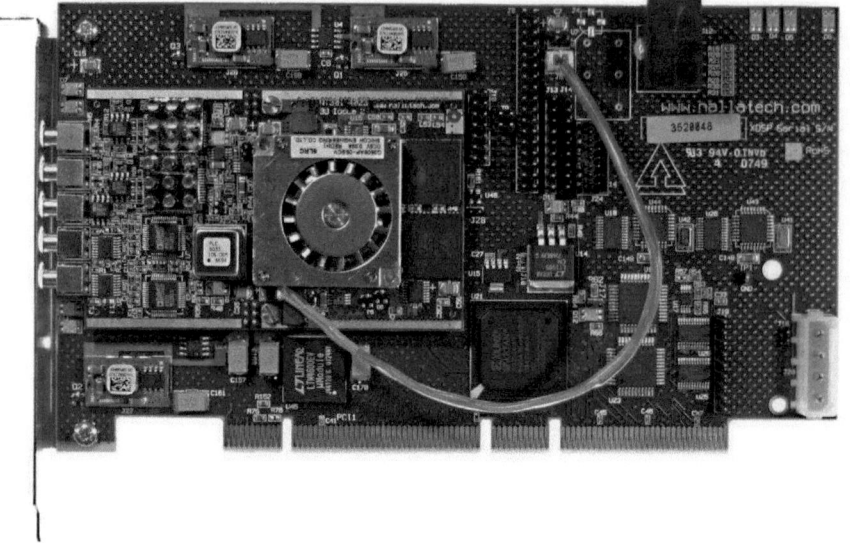

Printed by Books on Demand GmbH, Norderstedt / Germany